全国高等院校"十二五"规划教材

PowerBuilder 程序设计实训教程

蔡黔鹰　于洪奎　曹丽君　主编

中国农业科学技术出版社

图书在版编目(CIP)数据

PowerBuilder 程序设计实训教程 / 蔡黔鹰,于洪奎,曹丽君主编. —北京:中国农业科学技术出版社,2011.8
ISBN 978-7-5116-0941-0

Ⅰ.①V… Ⅱ.①蔡…②于…③曹… Ⅲ.①数据库系统-软件工具-教材 Ⅳ.①TP311.56

中国版本图书馆 CIP 数据核字(2011)第 121767 号

责任编辑　闫庆健　程　鹏
责任校对　贾晓红

出 版 者	中国农业科学技术出版社
	北京市中关村南大街 12 号　邮编:100081
电　　话	(010)82106632(编辑室)　(010)82109704(发行部)
	(010)82109709(读者服务部)
传　　真	(010)82106632
网　　址	http://www.castp.cn
经 销 者	各地新华书店
印 刷 者	秦皇岛市昌黎文苑印刷有限公司
开　　本	787 mm×1 092 mm　1/16
印　　张	13.25
字　　数	320 千字
版　　次	2012 年 8 月第 1 版　2012 年 8 月第 1 次印刷
定　　价	20.00 元

◆━━━◆ 版权所有·翻印必究 ◆━━━◆

《PowerBuilder 程序设计实训教程》编委会

主　　编　蔡黔鹰　于洪奎　曹丽君

副 主 编　王剑锋　张广斌　刘　闪

编　　委　康　燕　曹　靖　刘爱勇

前　　言

　　数据库应用是计算机最主要的应用领域，而面向对象的开发工具 PowerBuilder 则无疑是目前最具代表性的数据库前端开发工具之一。

　　本书结合作者多年在教学实践中的经验和体会，通过对一系列的具体实例精心设计，详尽地介绍了 PowerBuilder 的功能和特性，可以使读者在较短的时间内对采用 PowerBuilder 开发数据库应用系统有较为全面的了解。

　　本书章节内容分为：第一章，学习应用对象的打开、创建、设置各种属性、为应用对象的事件编写代码；第二章，讲述了窗口对象的创建方法、窗口对象的基本属性、类型、事件以及函数，并对常用的窗口控件的功能特点，通用属性以及事件的编程进行了分析；第三章，介绍了菜单对象的制作方法，菜单对象的属性和特点，菜单与窗口的关联，菜单的事件与函数以及定义工具栏的方法；第四章，介绍了在 PowerBuilder 开发环境中的数据库的创建与连接，以及对数据的基本操作；第五章，学习 PowerBuilder 的核心内容——数据窗口对象的定制方法；第六章，对数据窗口对象中的参数检索和有效性检验规则进行了介绍；第七章，介绍了报表的打印预览和打印技术的实现；第八章，在窗口控件的基础上，进一步介绍了几种高级控件的设计方法；第九章，讲述了用户自定义事件和对象的方法，从而更加方便系统的开发；第十章，学习数据管道的概念及其使用方法；第十一章，了解应用程序的编译和发布过程及方法；第十二章，通过几个综合应用实例，进一步了解应用系统的开发过程。

　　本书是《PowerBuilder 程序设计教程》的配套篇，作为数据库设计实训课程的教材，也可以作为学习 PowerBuilder 开发应用系统人员的参考资料。

　　本书由蔡黔鹰、于洪奎、曹丽君任主编，王剑锋、张广斌、刘闪任副主编。其中第一章至第六章由蔡黔鹰编写，第七章至第八章由于洪奎编写，第九章由王剑锋编写，第十章由张广斌编写，第十一章由曹丽君编写，第十二章由刘闪、康燕、曹靖、刘爱勇等编写。全书由蔡黔鹰统稿。

　　由于时间仓促，加之作者水平有限，不当之处在所难免，恳请读者批评指正。

编　者
2012 年 6 月

内容提要

  本书是在学习完 PowerBuilder 程序设计课程的基础上，为进行 PowerBuilder 程序设计实训课程而编写的。全书给出了进行程序设计实训各个环节所需的知识和技能要点，每一章都通过若干实例详细地描述了 PowerBuilder 的各种工具及其使用方法，可以使学生进一步了解 PowerBuilder 应用软件的开发过程及方法。全书共安排了 12 章的实训内容。

  本书可以作为高校本、专科计算机专业和部分非计算机专业数据库设计实训课程的教材和参考书，也可以作为学习或开发 PowerBuilder 应用程序人员的参考书籍。

目　　录

第一章　创建应用程序对象 …………………………………………………………（1）
　　1.1　创建定制应用程序 ………………………………………………………（2）
　　1.2　创建模板应用程序 ………………………………………………………（8）
第二章　窗口及控件 …………………………………………………………………（20）
　　2.1　简单动画 …………………………………………………………………（21）
　　2.2　几个常用控件的使用 ……………………………………………………（23）
第三章　菜单 …………………………………………………………………………（26）
　　3.1　创建 SDI …………………………………………………………………（27）
　　3.2　文件的查找和显示 ………………………………………………………（30）
第四章　数据库操作 …………………………………………………………………（34）
　　4.1　图形风格的数据窗口 ……………………………………………………（35）
　　4.2　数据的添加与更新 ………………………………………………………（38）
第五章　数据窗口对象基本操作 ……………………………………………………（41）
　　5.1　动态创建数据窗口 ………………………………………………………（42）
　　5.2　DATASTORE 的使用 ……………………………………………………（44）
　　5.3　利用 DATASTORE 数据共享 ……………………………………………（47）
第六章　数据处理 ……………………………………………………………………（50）
　　6.1　定义数据窗口的检索参数 ………………………………………………（51）
　　6.2　在数据窗口中使用有效性规则 …………………………………………（53）
第七章　报表打印 ……………………………………………………………………（56）
　　7.1　创建报表 …………………………………………………………………（57）
　　7.2　预览和打印报表 …………………………………………………………（60）
　　7.3　制作打印设置窗口 ………………………………………………………（62）
　　7.4　将报表数据保存到 Excel 中 ……………………………………………（66）
第八章　高级控件的用法 ……………………………………………………………（69）
　　8.1　TAB 标签控件 ……………………………………………………………（70）
　　8.2　TreeView 树状界面控件 …………………………………………………（74）
　　8.3　OLE 控件的使用 …………………………………………………………（78）
　　8.4　在 PB 中建立框架网页 …………………………………………………（81）
　　8.5　使用超级链接控件 ………………………………………………………（86）
第九章　用户对象和用户事件 ………………………………………………………（88）
　　9.1　创建使用可视用户对象 …………………………………………………（89）

9.2 定义用户事件 …………………………………………………………………… (91)
9.3 为用户事件添加程序 ………………………………………………………… (94)
9.4 创建可视用户对象实例 ……………………………………………………… (97)
9.5 定义用户事件实例 …………………………………………………………… (102)

第十章 数据管道 ………………………………………………………………………… (105)
10.1 创建和使用数据管道 ………………………………………………………… (106)
10.2 数据管道实例 ………………………………………………………………… (111)
10.3 数据管道程序设计 …………………………………………………………… (113)

第十一章 应用程序编译与发布 …………………………………………………………… (118)
11.1 应用程序的编译 ……………………………………………………………… (119)
11.2 应用程序的发布 ……………………………………………………………… (121)
11.3 可执行文件生成实例 ………………………………………………………… (122)

第十二章 综合实例 ………………………………………………………………………… (128)
12.1 房屋销售管理系统 …………………………………………………………… (129)
12.2 航空售票管理系统 …………………………………………………………… (139)
12.3 图书管理系统 ………………………………………………………………… (152)

参考文献 …………………………………………………………………………………… (202)

第一章 创建应用程序对象

本章要点

在 PowerBuilder 中建立一个应用程序时，会建立一个应用程序对象。应用程序对象是应用程序的基础，应用程序的许多行为和属性都是通过应用程序对象来控制的。作为本书的开始，本章通过实例，介绍创建应用程序的几种方法。

———— 本章主要内容 ————

◎ 创建定制应用程序
◎ 创建模板应用程序

1.1 创建定制应用程序

实训目标
通过本实例的学习，读者能通过向导创建定制应用程序。

实训内容
启动 PowerBuilder，利用向导创建定制一个应用程序。作为本书的第一个实例，将带你开始 PowerBuilder 的数据库应用系统开发。

相关知识
本节主要介绍了 Application 对象的属性和事件代码，如 open 函数等。实例通过对创建定制应用程序对象的介绍，使读者对 PowerBuilder 中一个应用程序对象从创建定制到运行的过程有一个大体了解。

操作步骤
（1）首先启动 PowerBuilder。单击工具栏上的【New】按钮，打开【New】对话框，激活【Workspace】选项卡，如图 1-1 所示。

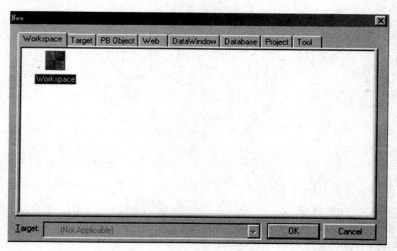

图 1-1 【New】对话框的【Workspace】选项卡

技巧专授　【New】对话框也可以通过快捷键【Ctrl + N】打开；或者也可以使用组合键【Alt + F + N】。

（2）选择【Workspace】图标，然后单击【OK】按钮，打开【New Workspace】对话框，如图 1-2 所示。

第一章 创建应用程序对象

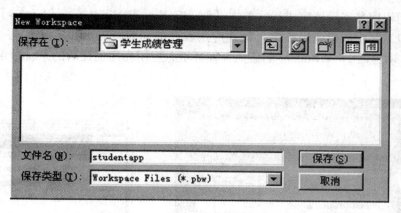

图 1-2 【New Workspace】对话框

（3）【New Workspace】对话框主要用于设置工作区的路径和名字。在这里输入 studentapp 作为工作区的名字，然后单击【保存】按钮，开始创建工作区。创建后的系统目录树如图 1-3 所示。

（4）单击工具栏上的【New】按钮，打开【New】对话框，激活【Target】选项卡，如图 1-4 所示。在选项卡上选择【Application】图标，然后单击【OK】按钮，打开【Specify New Application and Library】对话框，如图 1-5 所示。

图 1-3 创建工作区后的系统目录树

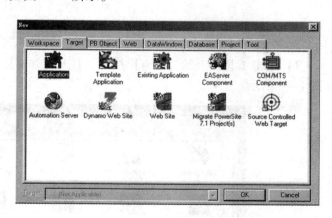

图 1-4 【New】对话框的【Target】选项卡

技巧专授 可以通过快捷键在各个选项卡之间切换，按下【Ctrl + Tab】用于从前向后切换选项卡，按下【Ctrl + Shift + Tab】用于从后向前切换选项卡。

（5）【Specify New Application and Library】对话框用于设置应用程序、库文件和目标文件的名字。在该对话框的【Application Name】编辑框中输入 studentapp 作为应用程序的名字，然后按下【Tab】键，此时系统会自动为库文件及目标文件指定路径和名字，缺省情况下库文件名字的前缀是应用程序名字；目标文件的前缀也是应用程序的名字。

· 3 ·

（6）应用程序名字设置完成后，单击【Specify New Application and Library】对话框中的【Finish】按钮，开始创建应用程序（创建应用程序的同时，应用程序对象也一同被创建）。创建完成后自动返回 PowerBuilder 的集成开发环境，应用程序创建后的系统目录树如图 1-6 所示。

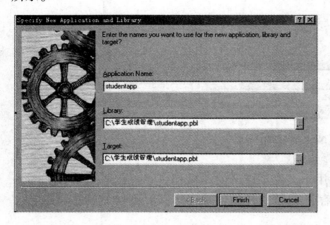 

图 1-5 【Specify New Application and Library】对话框　　图 1-6 创建应用程序后的系统目录树

重点提示　至此我们已经创建了一个定制应用程序，但是这个应用程序还不能运行，需要定制这个应用程序对象的属性和添加事件代码后该应用程序才能够运行。下面创建应用程序的主窗口。

（7）单击工具栏上的【New】按钮，打开【New】对话框，激活【PB Object】选项卡，如图 1-7 所示。

图 1-7 【New】对话框的【PB Object】选项卡

（8）选择【PB Object】选项卡上的【Window】图标，然后单击【OK】按钮，创建一个窗口对象，系统创建窗口对象后，自动返回 PowerBuilder 集成开发环境，并打开窗口画笔。

> **重点提示**　此时我们还不能在系统目录树中看到所创建的窗口对象,因为我们还没有保存生成的窗口对象。此时窗口画笔工具栏上的【Save】还是处于禁止(Disable)状态的,因此,还要继续执行以下步骤。

（9）在窗口画笔的【Layout】视图中修改【Title】编辑框中的内容,将窗口标题改为"学生成绩管理"。输入完成后按回车键,此时窗口画笔工具栏上的【Save】才会变成可用(Enable)状态。

（10）单击窗口画笔工具栏上的【Save】按钮,打开【Save Window】对话框,如图1-8所示。

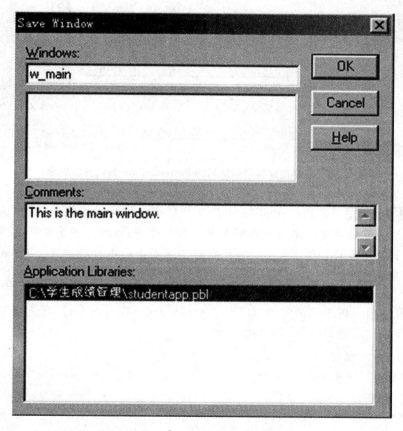

图1-8　【Save Window】对话框

（11）在【Save Window】对话框中输入窗口对象的名称：w_main；注释为"this is the main window",然后单击【OK】按钮,保存窗口对象。保存成功后,自动返回PowerBuilder集成开发环境。此时,用户可以在系统目录树中看到刚刚创建的窗口对象,如图1-9所示。

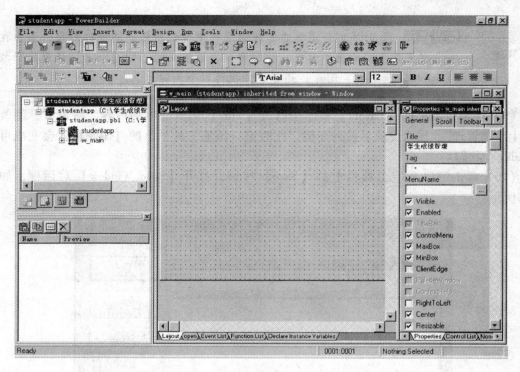

图 1-9 成功创建窗口对象后的 PowerBuilder 集成开发环境

重点提示 在 PowerBuilder 中窗口对象名字的缺省前缀 w_，建议读者也遵循这种默认约定。本例中指定主窗口名称为 w_main。主窗口建立后，应用程序还不能运行，为了能够让程序运行，还要在应用程序对象的 Open 事件中添加事件代码。

（12）在系统目录树中双击应用程序对象 studentapp，在【Script】视图中选择应用程序对象的 Open 事件，添加如图 1-10 所示代码。

```
int reval
reval = open( w_main) ;
if reval = -1 then
    halt close
end if
```

重点提示 如果窗口成功打开，则 Open 函数返回 1；如果打开过程中发生了任何错误，则 Open 函数返回 -1。用户可在代码中检查 Open 函数的执行情况，如果有错误发生就调用 Halt 语句退出应用程序。其中 close 关键字是可选的，如果没有 close 关键字，PowerBuilder 遇到 Halt 语句后会立刻终止应用程序；如果有 close 关键字，PowerBuilder 遇到 Halt 语句后会立即执行应用程序的 close 事件，然后再终止应用程序。

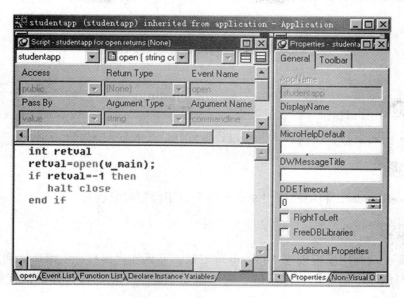

图 1-10 【Script】视图

（13）单击工具栏上的【Save】按钮保存代码，然后单击工具栏中的【Run】按钮，运行程序，程序界面如图 1-11 所示。

图 1-11 定制应用程序的运行界面

1.2 创建模板应用程序

实训目标
通过本实例的学习，使读者掌握通过模板创建应用程序对象的方法。

实训内容
启动 PowerBuilder，利用模板快速完成一个应用程序对象创建。

相关知识
本节主要介绍利用模板创建 Application 对象，并添加代码打开主窗口。利用模板创建应用程序对象与创建定制应用程序不同，它不需要创建一个主窗口，并添加代码打开该主窗口。

操作步骤
（1）单击工具栏上的【New】按钮，打开【New】对话框，激活【Workspace】选项卡，如图 1－12 所示。

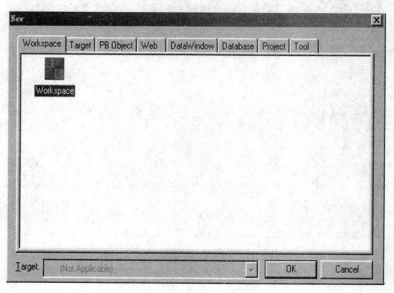

图 1－12 【New】对话框的【Workspace】选项卡

（2）选择【Workspace】图标，然后单击【OK】按钮，打开【New Workspace】对话框，如图 1－13 所示。

图 1-13 【New Workspace】对话框

（3）在【New Workspace】对话框中选择工作区的路径，然后输入 TemplateApp 作为工作区的名字，单击【保存】按钮，创建工作区。工作区创建后自动返回 PowerBuilder 集成开发环境。

（4）单击工具栏上的【New】按钮，打开【New】对话框，激活【Target】选项卡，如图 1-14 所示。在选项卡上选择【Template Application】图标，然后单击【OK】按钮，打开【About the Template Application Wizard】对话框，如图 1-15 所示。

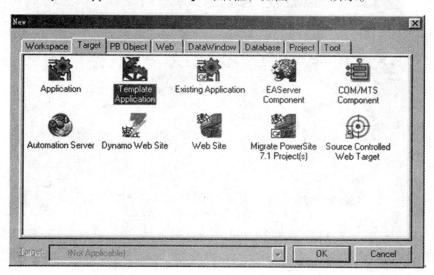

图 1-14 【New】对话框的【Target】选项卡

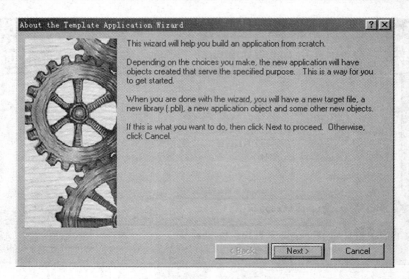

图 1-15 【About the Template Application Wizard】对话框

重点提示 【About the Template Application Wizard】对话框用于显示创建模板应用程序向导的一些说明。

(5) 单击【Next >】按钮,打开【What you will do】对话框,如图 1-16 所示。【What you will do】对话框显示下面要做的几步工作是什么。

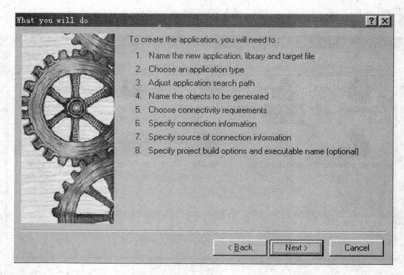

图 1-16 【What you will do】对话框

(6) 单击【What you will do】对话框中的【Next >】按钮,打开【Specify New Application and Library】对话框,如图 1-17 所示。【Specify New Application and Library】对话框用于指定应用程序的名字,缺省情况下库文件和目标文件会和工作区在同一个路径。如果要更改库文件的路径和名字,可以在【Library】编辑框中修改;如果要修改目标文件的路径和名字可以在【Target】编辑框中修改。设置完成后单击【Next >】按钮，打开【Specify Template Type】对话框，如图 1 – 18 所示。

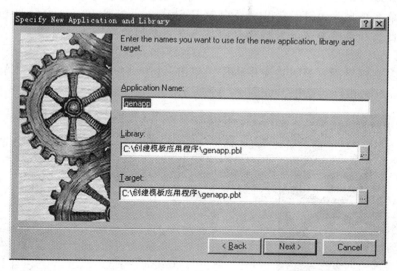

图 1 – 17　【Specify New Application and Library】对话框

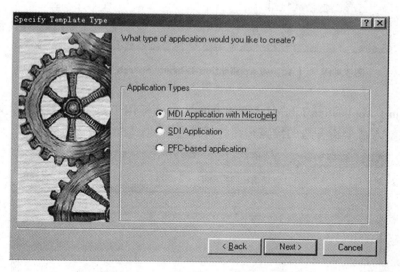

图 1 – 18　【Specify Template Type】对话框

（7）【Specify Template Type】对话框用于选择应用程序的类型，可选类型有：
　　【MDI Application with Microhelp】：创建多文档界面应用程序。
　　【SDI Application】：创建单文档界面应用程序。
　　【PFC – based application】：创建一个应用程序，并且 PowerBuilder Foundation Class（PFC）库包含在库的搜索路径中，使用 PowerBuilder8.0 基础类库中的对象。
　　重点提示　MDI 风格的应用程序一般有一个 MDI 窗口，这个 MDI 窗口是整个应用程序的主控界面。在 MDI 窗口中可以打开多个工作窗口。如果一个应用程序需要同时打开多个窗口,同时又希望方便地在各个窗口之间来回切换,那么最好把它设计为 MDI 窗口。目前多数大型软件均采用这种窗口。而 SDI 即单文档界面,SDI 应用程序向导只创建一个主窗口、一个菜单和一个帮助窗口。如果需要连接数据库,向导也会自动创建一个连接对象。

这里创建多文档界面(MDI)应用程序,单击。【Next >】按钮,打开【Adjust Application Library Search Path】对话框,如图 1-19 所示。

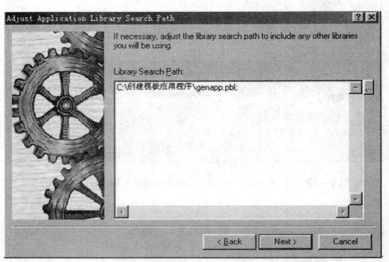

图 1-19 【Adjust Application Library Search Path】对话框

(8)【Adjust Application Library Search Path】对话框用于指定应用程序库文件的搜索路径,可以直接输入或单击旁边的浏览按钮,打开【Select Library】对话框如图 1-20 所示。

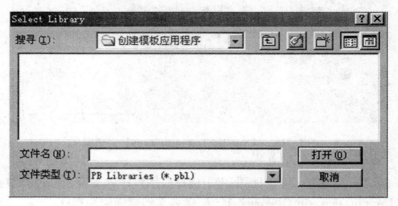

图 1-20 【Select Library】对话框

(9)单击【Adjust Application Library Search Path】中的【Next >】按钮,打开【Name MDI Frame and Menu】对话框,如图 1-21 所示。【Name MDI Frame and Menu】对话框用于指定多文档界面应用程序的主窗口名字和主窗口菜单名字。这里使用缺省的名字,单击

【Next >】按钮,打开【Name MDI Base Sheet,Menu and Service】对话框,如图 1 – 22 所示。【Name MDI Base Sheet,Menu and Service】对话框中的各个编辑框的作用如下:

- 【Base Sheet Window】:用于指定基本子窗口名,所有的子窗口都是从这个基本的子窗口类继承而来。向导最多可以创建 3 个继承的子窗口。
- 【Sheet Menu】:命名基本子窗口的菜单名,该菜单从主窗口的菜单继承而来。
- 【Sheet Manager Service】:定义子窗口管理服务用户对象的名字,该用户对象用于注册和管理多文档界面应用程序中的全部窗口。

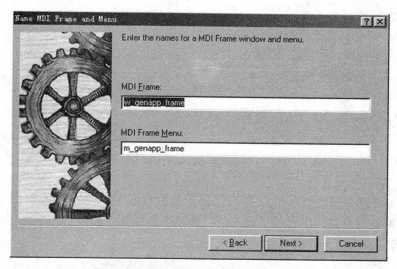

图 1 – 21　【Name MDI Frame and Menu】对话框

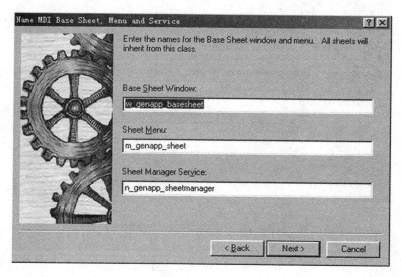

图 1 – 22　【Name MDI Base sheet,Menu and Service】对话框

(10) 这里使用缺省的设置,单击【Name MDI Base Sheet,Menu and Service】对话框中

的【Next >】按钮，打开【Name Individual Sheets】对话框，如图 1-23 所示。

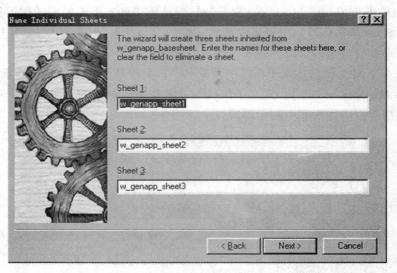

图 1-23 【Name Individual Sheets】对话框

（11）【Name Individual Sheets】对话框用于分别对 3 个从基本子窗口继承的子窗口命名。这里使用缺省的设置，单击对话框中的【Next >】按钮，打开【Assign Display Names to Sheets】对话框，如图 1-24 所示。

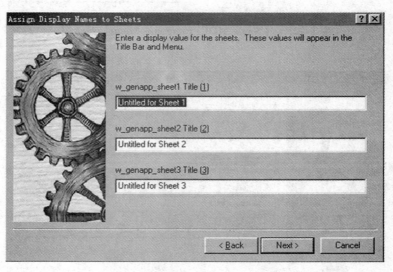

图 1-24 【Assign Display Names to Sheets】对话框

（12）【Assign Display Names to Sheets】对话框用于分别指定 3 个子窗口的标题，该标题将显示在子窗口的标题栏中。这里使用缺省的名字，单击对话框中的【Next >】按钮，打开【Name About Box and Toolbar Window】对话框，如图 1-25 所示。【Name About Box and Toolbar Window】对话框中的【About Window】编辑框用于指定【About】窗口的名字，该窗口通常用于显示程序的版本信息；【Toolbar Window】编辑框用于指定应用程序中工具栏的名字，工具栏缺省位于菜单的下方，可以使用户更方便地操作应用程序。

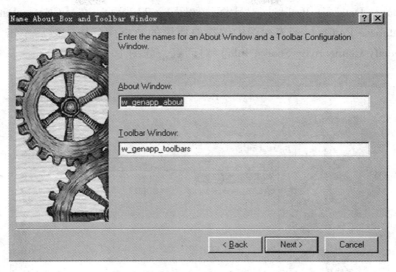

图 1-25　【Name About Box and Toolbar Window】对话框

（13）这里使用缺省的名字，单击【Name About Box and Toolbar Window】对话框中的【Next >】按钮，打开【Specify Connectivity】对话框，如图 1-26 所示。

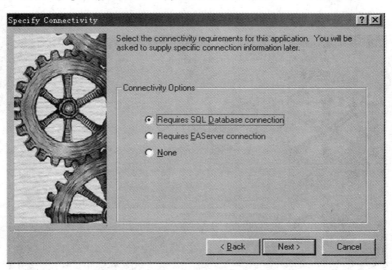

图 1-26　【Specify Connectivity】对话框

（14）【Specify Connectivity】对话框用于指定应用程序的数据库连接情况，3 个单选按钮的含义如下。

- 【Requires SQL Database connection】：需要 SQL 数据库连接。
- 【Requires EAServer Connection】：应用程序需要 EAServer 连接。

- 【None】：没有连接。

(15) 这里使用 SQL 数据库连接，单击【Specify Connectivity】对话框中的【Next >】按钮，打开【Choose Database Profile】对话框，如图 1 - 27 所示。在【Choose Database Profile】对话框的【Database Profile】列表视图中选择要使用的数据库配置，然后单击【Next >】按钮，打开【Specify Connectivity Source Info】对话框，如图 1 - 28 所示。

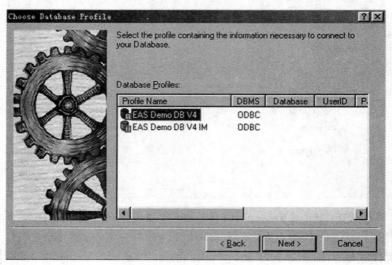

图 1 - 27 【Choose Database Profile】对话框

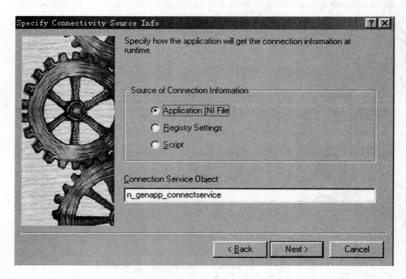

图 1 - 28 【Specify Connectivity Source Info】对话框

(16) 【Specify Connectivity Source Info】对话框用于指定连接信息，其中【Connection Service Object】编辑框用于命名连接服务对象。连接源可以有 3 种表示：

【Application INI File】：表示连接信息保存在应用程序的 INI 文件中，如果选择这个参数,单击【Next >】按钮,就会出现图1-29所示的对话框,指定INI文件的路径和文件名。

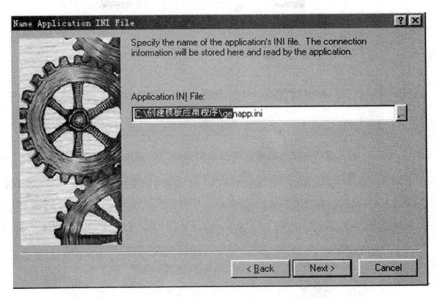

图1-29 【Name Application INI File】对话框

【Registry Settings】:表示连接信息保存在系统的注册表中,如果选择这个参数,在单击【Next >】按钮后,会出现【Specify Registry Key】对话框,如图1-30所示。【Specify Registry Key】对话框用于指定注册表中的分支和键值。例如,这里输入CDSW,将来就可以在注册表中找到数据库连接信息,如图1-31所示。

【Script】:表示连接信息保存在脚本中。

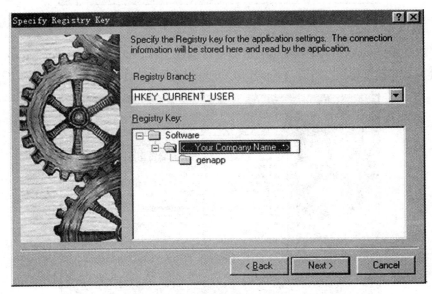

图1-30 【Specify Registry Key】对话框

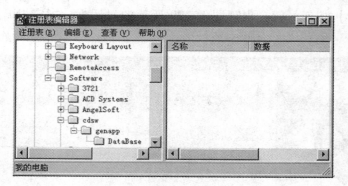

图1-31 系统注册表中的数据库连接信息

(17) 在【Specify Connectivity Source Info】对话框选择缺省设置,单击【Next >】按钮后,打开【Name Application INI File】对话框,如图1-29所示,在对话框中仍然使用缺省的设置,单击【Next >】按钮后,打开【Create Project?】对话框,如图1-32所示。

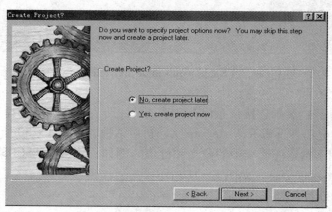

图1-32 【Create Project?】对话框

(18)【Create Project?】对话框用于选择是否创建工程,这里选择【No, create project later】,单击【Next >】按钮后,打开【Ready to Create Application】对话框,如图1-33所示。

图1-33 【Ready to Create Application】对话框

(19)【Ready to Create Application】对话框用于显示所有设置信息,以便于用户检查确认。如果需要修改信息可以单击【<Back】按钮,返回以前的步骤进行修改。检查设置信息无误后,单击【Finish】按钮,创建模板应用程序。该应用程序运行界面如图 1-34 所示。

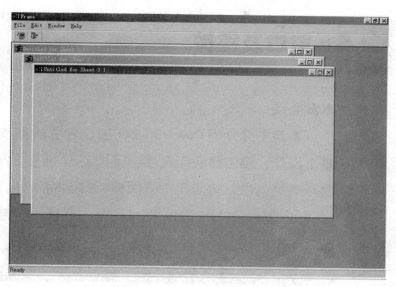

图 1-34 应用程序运行界面

重点提示 至此我们已经一步一步详细介绍了创建 MDI 风格的应用程序的步骤,并创建了一个模板应用程序。而 SDI 单文档界面应用程序创建相对简单,只要在图 1-18 选择 SDI Application,其他步骤同 MDI 设计类似。向导会创建一个主窗口、一个菜单和一个帮助窗口的单文档界面应用程序。

第二章 窗口及控件

本章要点

本章主要介绍 PowerBuilder 窗口界面的基本知识，包括基本操作，窗口是应用程序与用户交流的主要界面，可用来显示有关信息，响应用户的鼠标和键盘输入等。这一章将通过一些实例，详细说明如何从一张白纸开始，直到创建出工整、美观的窗口。

---------本章主要内容---------

○ 窗口
○ 时间函数
○ IF 语句
○ 命令按钮
○ 单选框
○ 复选框
○ 组合框
○ 下拉列表框
○ 图形
○ 多行编辑框

2.1 简单动画

实训目标

通过本实例的学习，读者能熟悉 PowerBuilder 的窗口及对象。

实训内容

本实例通过单击"播放"按钮，使两幅图片交替变化，产生动画。单击"停止"按钮，停止动画播放。

相关知识

本例中涉及时间函数 timer（）及其事件。

实现步骤

1. 创建 Workspace（工作区）

（1）选择【File】菜单的【New】命令，出现【New】对话框。

（2）在【Workspace】属性页选中【Workspace】图标，单击【OK】按钮。

（3）在弹出【New Workspace】对话框中选择路径，输入文件名 flash.pbw，单击【保存】按钮，这样，就创建了一个工作区 flash.pbw。

2. 创建应用对象（Application）

（1）选择【File】菜单的【New】命令，出现【New】对话框。

（2）【Target】属性页，选中【Application】图标，单击【OK】按钮。

（3）在弹出的【Specify New Application and Library】对话框中输入 Application name："flash"，单击【Finish】按钮。这样就创建了一个名为"flash"的应用。

3. 创建窗口

在 Powerbar 工具栏上单击【New】按钮，在【New】对话框中选择【PB Object】选项卡，选中【Window】图标，单击【OK】按钮，出现窗口画板。

在窗口画板中设计如图 2-1 所示的窗口，设计方法是：

在窗口布局视图中右击窗口对象，在弹出的快捷菜单中选择【Properties】项，打开属性视图。设置 Title 属性为"动画"，Windowtype 属性为 main!，Windowstate 属性为 normal!。

在窗口 Powerbar 工具栏上，单击控件图形下拉列表，选择图形控件，在窗口上单击鼠标放置控件。这时属性视图区显示的是图形控件的属性。我们看到，图形控件的 Name 自动设置为"P_1"。在属性视图区单击 PictureName 下拉列表右边的"…"按钮，选择图形文件"C:\WINDOWS\Carved Stone.bmp"，图片就显示在图形控件上了。

用同样的方法，在窗口上放置一个命令按钮，设置它的 Text 属性为"播放"，Textsize 属性为"12"，名字用默认的"CB_1"。

最后调整窗口以及控件的大小和位置,将其保存在新建的对象库 FLASH.PBL 中,命名为 w_main,注释为"主窗口"。设计结果如图 2-1 所示。

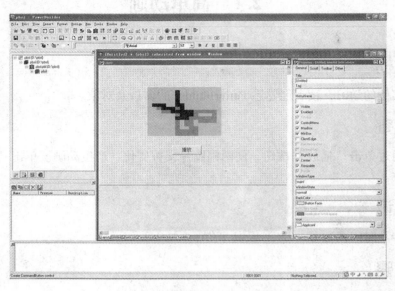

图 2-1　窗口画板

4. 编写代码

在窗口布局视图中,双击"播放"命令按钮,打开脚本视图,选择 clicked 事件,编写如下代码:

```
if cb_1.text = "播放" then
cb_1.text = "停止"
timer (0.2)
else
cb_1.text = "播放"
timer (0)
end if
```

重点提示　这段代码在鼠标单击命令按钮时被执行,它判断命令按钮上的文本,如果是"播放",则改为"停止",并用 TIMER (0.2) 函数启动窗口的 TIMER 事件,使 TIMER 事件每隔 0.2 秒自动发生一次,否则,将命令按钮的文本设置为"播放",并用 TIMER 函数关闭窗口的 TIMER 事件。

接下来对窗口的 TIMER 事件编程。双击窗口,在打开的脚本视图中选择 TIMER 事件,写下如下代码:

```
IF P_1.PICTURENAME = "C:\WINDOWS\Waves.bmp" THEN
    P_1.PICTURENAME = "C:\WINDOWS\Carved Stone.bmp"
ELSE
    P_1.PICTURENAME = "C:\WINDOWS\Waves.bmp"
END IF
```

> **重点提示** 当用 TIMER（0.2）函数启动窗口的 TIMER 事件时，该代码每隔 0.2 秒被执行一次，图形交替变化，产生动画效果。当用 TIMER（0）关闭窗口的 TIMER 事件时，该事件不再发生，对应的代码段也不被执行，动画停止。

最后，打开应用程序对象，在 open 事件中输入一行代码：open（w_main）。

5．运行应用程序

当应用程序创建完成以后，单击【RUN】图标，便可以运行程序了。

2.2　几个常用控件的使用

实训目标

PowerBuilder 为方便用户开发提供了十几种窗口控件，本例将介绍一些常用控件的简单用法，以使读者尽快掌握 PowerBuilder 的编程方法。

实训内容

本实例主要介绍如何使用单选钮（Radiobutton）、复选框（Checkbox）、静态文本框（Statictext）、编辑框（SinglelineEdit）、下拉列表框（DropDownListBox）、图片框（Picture）、命令按钮（CommandButton）等控件。用户选择的单选钮内容将在单行编辑框中显示，通过复选框选择的内容将在多行编辑框（MulTILineEdit）中显示，用户还可通过下拉列表框选择将要在图片框中显示的图片文件的名字。

相关知识

根据控件功能不同，将 PowerBuilder 提供的控件分为四类，分别是激活控件，如命令按钮；显示控件，如列表框；指示控件，如单选钮；修饰控件，如直线。

实现步骤

1．创建 Workspace（工作区）

（1）选择【File】菜单的【New】命令，出现【New】对话框。

（2）在【Workspace】属性页选中【Workspace】图标，单击【OK】按钮。

（3）在弹出【New Workspace】对话框中选择路径，输入文件名 kj.pbw，单击【保存】按钮，这样，就创建了一个工作区 kj.pbw。

2．创建应用对象（Application）

（1）选择【File】菜单的【New】命令，出现【New】对话框。

（2）【Target】属性页，选中【Application】图标，单击【OK】按钮。

（3）在弹出的【Specify New Application and Library】对话框中输入 Application name："kj"，单击【Finish】按钮。这样就创建了一个名为"kj"的应用。

3. 创建窗口

在 powerbar 工具栏上单击【New】按钮,在【New】对话框中选择【PB Object】选项卡,选中【Window】图标,单击【OK】按钮,出现窗口画板,命名为 w_control,windowtype 属性为 "main";title 属性设为 "控件"。

在窗口中添加的控件如下表所示。

表 2-1 控件属性设置

控件	名称	属性	属性值
Radiobutton	Rb_1	text Checked 复选框	商标 选中
	Rb_2	text	管理
	Rb_3	text	系统
Checkbox	Cbx_1	text	band
	Cbx_2	text	manage
	Cbx_3	text	system
DropDownListBox	Dbl_1	Autoscroll 复选框 Item 列表	选中 1. C:\WINDOWS\1stboot.bmp 2. C:\WINDOWS\BlackThatch.bmp 3. C:\WINDOWS\Triangles.bmp
CommandButton	Cb_1	text	确定
	Cb_2	text	退出
Picture	P_1	Orinalsize 复选框	不选中
MultiLineEdit	Mle_1		
SingleLineEdit			

4. 编写代码

(1) 在窗口的 open 事件中添加如下代码:

DDLB_1.SELECTITEM(1)
P_1.PICTURENAHE = "C:\WINDOWS\1stboot.bmp"

重点提示 这段代码在下拉列表框中显示第一项内容,并使 BMP 图像在图片框中显示。

(2) 接下来对下拉列表框的 selectionchanged 事件编程,写下如下代码:

P_1.PICTURENAHE = DDLB_1.TEXT

重点提示 当重新选择下拉列表框图中的内容时,将重新选择的图像显示出来。

(3) 给命令按钮 CB_1 添加如下代码:

```
IF RB_1. CHECKED THEN
    SLE_1. TEXT = "RB_1（商标）IS SELETED!"
ELSEIF RB_2. CHECKED THEN
    SLE_1. TEXT = "RB_2（商标）IS SELETED!"
ELSEIF RB_3. CHECKED THEN
SLE_1. TEXT = "RB_3（商标）IS SELETED!"
EHD IF
MLE_1. TEXT = ""
IF CBX_1. CHECKED THEN
    MLE_1. TEXT + = CBX_1. TEXT + " "
END IF
IF CBX_2. CHECKED THEN
    MLE_1. TEXT + = CBX_2. TEXT + " "
END IF
IF CBX_3. CHECKED THEN
    MLE_1. TEXT + = CBX_3. TEXT + " "
END IF
```

（4）给命令按钮 CB_2 添加如下代码：

CLOSE（Parent）

（5）打开应用程序对象，在 open 事件中输入一行代码：

Open（w_main）。

5. 运行应用程序

当应用程序创建完成以后，接下来要运行该程序。单击【RUN】图标，便可以运行程序了。运行结果如图 2-2 所示。

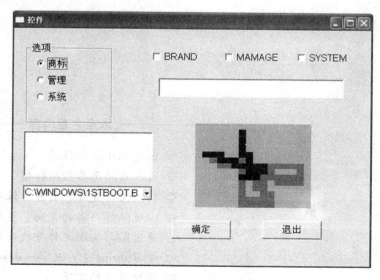

图 2-2　运行结果图

第三章

3 菜 单

本章要点

本章主要介绍菜单的基本知识，包括创建菜单，设置菜单和菜单的工具栏属性，这一章将通过一些实例，详细说明如何设计单文档界面和多文档界面的菜单，菜单项的事件不多，一般情况下，我们只对"clicked"事件编码。菜单的脚本代码不要太长，这样对系统的维护和稳定性有好处。

本章主要内容

◎ 创建 SDI 应用程序
◎ 进一步熟悉多行编辑框
◎ 实现文件建立、打开、保存功能
◎ 实现编辑内容的复制、剪切、粘贴
◎ 通过菜单实现文件查找及显示
◎ 学习 dirlist（）及 setredraw（）等函数
◎ 快捷菜单的实现

3.1 创建 SDI

实训目标

本实例主要目的是让您进一步熟悉窗口和菜单的制作,并且对 PowerScript 语言有一定的认识。

实训内容

本实例通过 PowerScript 实现的功能有:文件的建立、打开和保存;编辑内容的复制、剪切和粘贴等。

相关知识

记事本应用程序就属于 SDI 应用程序。一个 SDI 应用程序就是一个单文档应用程序,即程序在运行过程中,只能够有一个窗口打开。

实现步骤

1. 创建 Workspace(工作区)

(1) 选择【File】菜单的【New】命令,出现【New】对话框。

(2) 在【Workspace】属性页选中【Workspace】图标,单击【OK】按钮。

(3) 在弹出【New Workspace】对话框中选择路径,输入文件名 sdi.pbw,单击【保存】按钮,这样,就创建了一个工作区 sdi.pbw。

2. 创建应用对象(Application)

(1) 选择【File】菜单的【New】命令,出现【New】对话框。

(2)【Target】属性页,选中【Application】图标,单击【OK】按钮。

(3) 在弹出的【Specify New Application and Library】对话框中输入 Application name:"sdi",单击【Finish】按钮。这样就创建了一个名为"sdi"的应用。

3. 创建菜单

本实例中,对文件和编辑内容的处理都是通过菜单命令完成的。菜单结构如图 3-1 所示。

4. 创建窗口

创建一个窗口"w_sdi"将其属性设置为"编辑文件-untitle",将其"menuname"设置为"m_sdi"。

在窗口上面放置一个"MutilineEdit"控件,以名"mle_edit"保存。将其大小设置为与窗口大小相同,并选中 HscrollBar 和 VscrollBar。

5. 编写代码

(1) 程序在运行过程中,我们需要对编辑的文件名进行保存,故要声明一个全局变量。声明的变量如下:

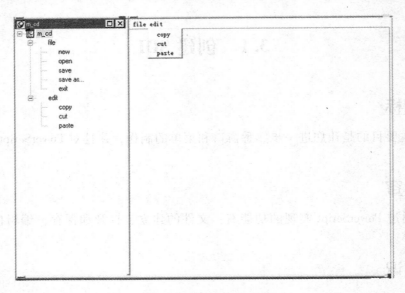

图 3-1 菜单结构

string current_File_name = "untitle"

（2）在 w_sdi 窗口的 Resize 事件中添加如下脚本：

MLE_EDIT.WIDTH = THIS.WORKSPACEWIDTH（）
MLE_EDIT.HEIGHT = THIS.WORKSPACEHEIGTH（）

重点提示 这段代码中，WORKSPACEWIDTH（）和 WORKSPACEHEIGTH（）分别获得窗口工作区的宽度和高度。

（3）"NEW"菜单项的 clicked 事件中添加如下脚本：

STRING D,P
W_SDI.MLE_EDIT.TEXT = ""
CURRENT_FILE_NAME = "UNTITLE"
W_SDI.TITLE = "编辑文件 - " + CURRENT_FILE_NAME

重点提示 new 功能清除多行编辑框 mle_edit 显示的内容。

（4）"OPEN"菜单项的 clicked 事件中添加如下脚本：

STRING DOCNAME,NAMED
INTEGER VALUE,RC,FD
LONG LL_FLENGTH
VALUE = GETFIL/EOPENNAME("选择要打开的文件",DOCNAME,NAMED,"TXT","文本文件(*.TXT),*.TXT" + "文档文件(*.DOC),*.DOC," + "所有文件(*.*),*.*")
IF VALUE = 1 THEN
    LL_FLENGTH = FILELENGTH（DOCNAME）

```
            FD = FILEOPEN(DOCNAME,STREAMMODE!)
            IF LL_FLENGTH < 32767 THEN
                RC = FILEREAD(FD,W_SDI.MLE_EDIT.TEXT)
                FILECLOSE(FD)
                CURRENT_FILE_NAME = DOCNANE
                W_SDITITLE = "编辑文件 - " + CURRENT_FILE_NAME
    END IF
    END IF
```

重点提示 open 菜单项让用户选一个文件，并将该文件的内容读到多行编辑器 mle_edit 中。

(5) "SAVE" 菜单项的 clicked 事件中添加如下脚本：

```
INTEGER FD
STRING D,P
FD = FILEOPEN(CURRENT_FILE_NAME,STREAMMODE!,WRITE!,LOCKWRITE!,
        REPLACE!)
FILEWRITE(FD,W_SDI.MLE_EDIT.TEXT)
GETFILESAVENAME("保存",D,P,"DOC","TEXT&
FILES(*.TXT),*.TXT,DOC FILES(*.DOC),*.DOC,ALLFILES(*.*),*.*,")
FILECLOSE(FD)
```

(6) "SAVE AS" 菜单项的 clicked 事件中添加如下脚本：

```
INTEGER FD
STRING D,P
FD = FILEOPEN(CURRENT_FILE_NAME,STREAMMODE!,WRITE!,LOCKWRITE!,
        REPLACE!)
FILEWRITE(FD,W_SDI.MLE_EDIT.TEXT)
GETFILESAVENAME("另存为",D,P,"DOC","TEXT&
FILES(*.TXT),*.TXT,DOC FILES(*.DOC),*.DOC,ALLFILES(*.*),*.*")
FILECLOSE(FD)
```

(7) "EXIT" 菜单项的 clicked 事件中添加如下脚本：

```
CLOSE(W_SDI)
```

(8) "COPY" 菜单项的 clicked 事件中添加如下脚本：

```
W_SDI.MLE_EDIT.COPY()
```

(9) "CUT" 菜单项的 clicked 事件中添加如下脚本：

```
W_SDI.MLE_EDIT.CUT()
```

(10) "PASTE" 菜单项的 clicked 事件中添加如下脚本：

```
W_SDI.MLE_EDIT.PASTE()
```

最后，打开应用程序对象，在 open 事件中输入一行代码：

```
open(W_SDI)。
```

6. 运行应用程序

当应用程序创建完成以后，单击【RUN】图标，便可以运行程序了。运行结果如图3－2所示。

图3－2　运行结果

3.2　文件的查找和显示

📁 **实训目标**

通过本例加深控件的学习，熟练掌握菜单的用法。

📁 **实训内容**

本实例主要介绍如何通过主菜单、快捷菜单和工具栏按钮查找图形文件所在目录，将图形文件名添加到列表框，按原始大小和比例放大两种方式显示图形。

📁 **相关知识**

本例涉及 getfileopenname ()、dirlist ()、setredraw ()、popmenu () 函数。

📁 **实现步骤**

1. 创建 Workspace（工作区）

（1）选择【File】菜单的【New】命令，出现【New】对话框。

（2）在【Workspace】属性页选中【Workspace】图标，单击【OK】按钮。

（3）在弹出【New Workspace】对话框中选择路径，输入文件名 txwj. pbw，单击【保存】按钮，这样，就创建了一个工作区 txwj. pbw。

2. 创建应用对象（Application）

（1）选择【File】菜单的【New】命令，出现【New】对话框。

（2）【Target】属性页，选中【Application】图标，单击【OK】按钮。

（3）在弹出的【Specify New Application and Library】对话框中输入 Application name："txwj"，单击【Finish】按钮。这样就创建了一个名为"txwj"的应用。

3. 创建窗口

在 Powerbar 工具栏上单击【New】按钮，在【New】对话框中选择【PB Object】选项卡，选中【Window】图标，单击【OK】按钮，出现窗口画板，命名为 w_e，window-type 属性为 "mdi"；title 属性设为 "图形文件查找和显示"。Windowstate 属性为 normal!，Backcolor 属性为 "sky"，icon 属性为 "olegenreg!" 创建菜单后还要设置 Menuname 属性。

在窗口添加的控件如表 3-1 所示。

表 3-1 控件属性设置

控件	名称	属性	属性值
Statictext	st_1	text	路径
	st_2	text	文件
	st_3	text	图形
Listbox	lb_1	sorted	选中
		vscrollbar	选中
CommandButton	Cb_1	text	退出
Picture	P_1	Orinalsize 复选框	不选中
SingleLineEdit			

4. 编写代码

（1）对列表框的 Selectionchanged 事件编程，写下如下代码：

```
INTEGER I
FOR I = 1 TO LB_1. TOTALITEMS ( )
IF LB_1. STATE（I）=1 THEN
    P_1. PICTURENAME = LB_1，TEXT（I）
EXIT
END IF
NEXT
```

重点提示 利用循环语句对列表框的各个项目进行检测。如果某一列表被选中，则将该列表项的文本作为图形控件 P_1 的 PictureName 属性。

(2) 菜单布局如图 3-3 所示。

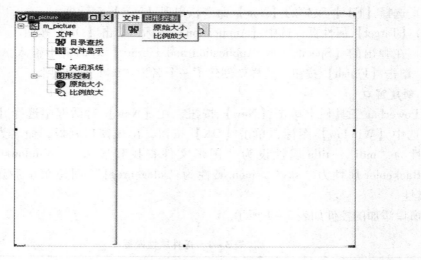

图 3-3 菜单布局

(3) 给菜单各项添加代码。
"目录查找"的单击事件：

```
STRING V_PATH,VFILE
IF GETFILEOPENNAME("选择目录与文件",V_PATH,V_FILE,&
" *.BMP","图像文件(*.BMP),*.BMP")=1 THEN
W_E.SLE_1.TEXT=LEFT(V_PATH,(POS(V_PATH,V_FILE)-1))
END IF
```

重点提示 利用该项打开 Windows "选择目录与文件"对话框进行查找。

"文件显示"的单击事件：

```
IF W_E.SLE_1.TEXT < >"" THEN
   W_E.LB_DIRLIST(W_E.SLE_1.TEXT +" *.BMP",0)
ELSE
   MESSAGEBOX("系统提示","查找路径没有选择,请请重新选择!",QUESTION!)
END IF
```

重点提示 利用该项检查窗口中单行编辑框的 text 值。

"原始大小"的单击事件

```
THIS.CHECKED = TRUE
M_BL.CHECKED = FALSE
W_E.1_P_1.ORIGINALSIZE = TRUE
W_E.1_P_1.SETREDRAW(TRUE)
```

"比例放大"的单击事件：

```
THIS. CHECKED = TRUE
M_OR. CHECKED = FALSE
W_E. 1_P_1. ORIGINALSIZE = FALSE
W_E. 1_P_1. WIDTH = 777
W_E. 1_P_1. HEIGHT = 812
W_E. 1_P_1. SETREDRAW｛TRUE｝
```

重点提示 利用该项把图片调整为设计时的尺寸。

（4）打开应用程序对象，在 open 事件中输入一行代码：

```
open（w_e）
```

（5）快捷菜单的实现。

打开窗口 w_e，在窗口画板的脚本视图中对 rbuttondown 事件编写代码：

```
M_PICTURE. M_FILE. POPMENU（POINTERX（），POINTERY（））
```

对窗口控件 P_1 rbuttondown 事件编写代码：

```
M_PICTURE. M_FILE. POPMENU（POINTERX（）+1250，POINTERY（）+180）
```

5. 运行应用程序

当应用程序创建完成以后，接下来要运行该程序。单击【RUN】图标，便可以运行程序了。运行结果如图 3-4 所示。

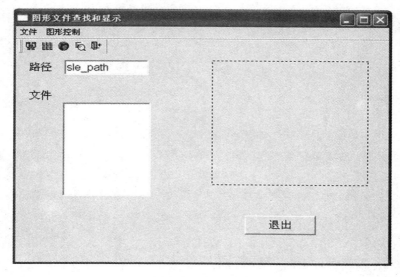

图 3-4　运行结果

第四章
4 数据库操作

本章要点

本章主要介绍如何开发一个数据库应用程序，包括数据库的创建、数据窗口的创建、数据的显示，操纵数据窗口的各种方法等。本章是开发数据库应用程序的基础。通过本章的学习，读者能掌握开发数据库应用程序的基础知识，能够创建一些简单的数据库应用程序。

———— 本章主要内容 ————

◎ 图形风格的数据窗口
◎ 数据窗口的函数
◎ 数据的添加与更新

第四章 数据库操作

4.1 图形风格的数据窗口

📁 实训目标

通过学习本实例利用图形把复杂的信息用一种简明的方式表示出来。

📁 实训内容

本实例中我们将创建一个图形风格的数据窗口对象，然后将它与窗口上的数据窗口控件关联。

📁 相关知识

本实例学习用 DataWindow 图形显示方式在窗口内显示数据库信息。

📁 实现步骤

1. 创建 Workspace（工作区）

（1）选择【File】菜单的【New】命令，出现【New】对话框。

（2）在【Workspace】属性页选中【Workspace】图标，单击【OK】按钮。

（3）在弹出【New Workspace】对话框中选择路径，输入文件名 graph.pbw，单击【保存】按钮，这样，就创建了一个工作区 graph.pbw。

2. 创建应用对象（Application）

（1）选择【File】菜单的【New】命令，出现【New】对话框。

（2）【Target】属性页，选中【Application】图标，单击【OK】按钮。

（3）在弹出的【Specify New Application and Library】对话框中输入 Application name："graph"，单击【Finish】按钮。这样就创建了一个名为"graph"的应用。

3. 创建数据库和表

（1）在 PowerBuilder 8.0 中创建一个 ASA 数据库。

单击 Powerbar 工具栏的【Database】按钮，打开【Database】窗口，在【Object】中单击【ODB ODBC】下的【Utilities】左边的"+"号，使之展开。

双击【Create ASA Database】项，打开【Create Adaptive Server Anywhere Database】对话框。

在【DatabaseName】编辑框中输入或选择数据库路径和文件名，设置相应的选项。这里使用默认的"UserID"和"Password"，即"DBA"和"SQL"，还可以设置其他口令，最好取消 Use Transaction Log 选项，即不使用 Log 文件，避免带上日志文件之后，到其他机器上不认，如图 4－1 所示。

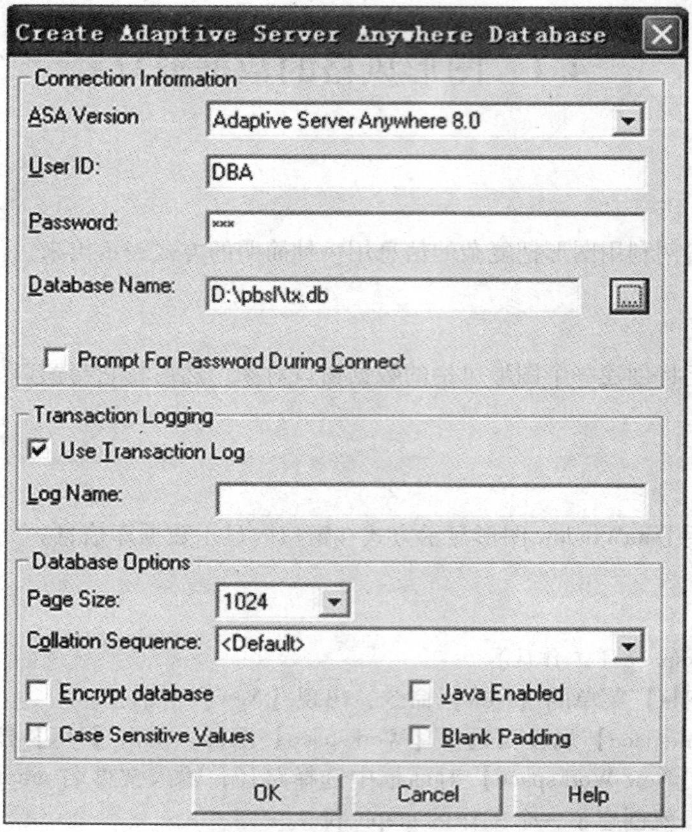

图4-1 【Create Adaptive Server Anywhere Database】对话框

单击【OK】按钮，系统开始建立数据库 TX。数据库建立成功后，自动配置 ODBC 数据源 tx 和描述文件 tx 并进行连接。

(2) 在数据库已经连接的情况下，可以建立表 TX。

在【Tables】项用鼠标右击，在弹出的快捷菜单中选【NewTable】，打开列设计窗口。在此对表的各个列进行定义列名、数据类型、宽度、小数位数，是否允许为空等信息。

表建立之后，建立主键。最后，为每一行设置标题属性。

4. 数据窗口对象设计

单击 Powerbar 工具栏上的【New】按钮，在【New】对话框中单击【Datewindow】标签，选择【graph】图标，然后单击【OK】按钮。在弹出的【Choose Data Source For Graph Datawindow】对话框中选择【QuickSelect】，单击【Next】按钮，打开【QuickSelect】对话框中选择"成绩表"，选择所有列，单击【OK】按钮，弹出【Define Graph Data】对话框如图4-2所示。

设置【Category】项为"XM"，【Values】项为"SUM"，单击【NEXT】按钮，弹出【Define Graph Style】对话框，在【Title】文本框中输入图形的标题，在【GraphType】选择一种图形显示方式（这里选饼图）。

单击【Next】按钮，弹出【Ready to Create Graph Data Window】对话框，检查各对话框无误后，单击【Finish】按钮，命名为 d_gh。

第四章 数据库操作

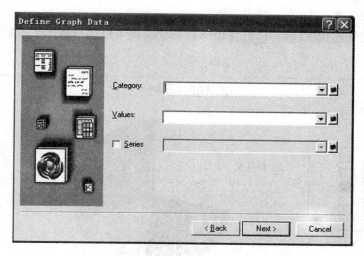

图 4-2 【Define Graph Data】对话框

5. 创建窗口

创建一个窗口"w_main"将其【title】属性设置为"图形显示",背景颜色 BackColor 设置为"silver"。

(1) 在窗口上放置一个数据窗口控件 dw_1,它的 DataObject 属性为 d_gh。

6. 编写代码

(1) 在 w_main 窗口的 open 事件中添加如下脚本:

DW_1. SETTRANSOBJECT (SQLCA)
DW_1. RETRIEVE ( )

重点提示 检索数据。

(2) 命令按钮 cb_1 的 clicked 事件中添加如下脚本:

int m
m = dw_1. getrow ( )
if m > 1 then
m = m - 1
dw_1. scrolltorow (m)
dw_1. setfocus ( )
else
　 beep (1)
end if

最后,打开应用程序对象,在 open 事件中输入代码:

sqlca. Autocommit = false
sqlca. dbparm = "connectstring = ' dsn = txl ; uid = ; pwd = ;'"
connect ;
open (w_main)

7. 运行应用程序

当应用程序创建完成以后,单击【RUN】图标,便可以运行程序了。运行结果如图 4 - 3 所示。

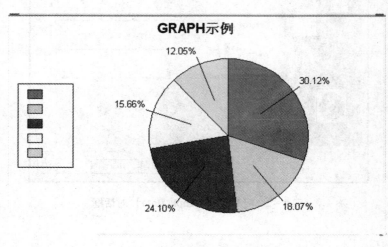

图 4 - 3　运行结果

4.2　数据的添加与更新

📁 实训目标

本例利用 "freeform" 格式的数据窗口来显示检索的数据,用户可以修改记录数据和向数据库中添加一条或几条记录。

📁 实训内容

本实例在运行时将弹出一个检索窗口,用户可以直接在窗口中修改和添加数据,然后单击 "更新" 按钮将所作的修改和添加的记录保存到数据库中。

📁 相关知识

在这里我们熟悉一下数据窗口中的相关函数。

Retrieve ( ):单数据控件与数据库建立了联系,就可以使用函数检索数据了。

Getrow ( ):获得数据窗口对象中的当前行号。

Scrolltorow ( ):从当前行滚动到指定行。

Setrow ( ):设定当前行。

Insertrow ( ):向数据窗口中插入一条记录。

Deleterow ( ):从数据窗口对象主缓冲区中删除一行。

Selectrow ( ):以高亮度显示数据窗口一行。

Setfocus（）：使当前行获得焦点。
Update（）：数据更新，通过此函数将数据窗口缓冲区的内容存入磁盘数据库。

实现步骤

1. 创建 Workspace（工作区）

（1）选择【File】菜单的【New】命令，出现【New】对话框。
（2）在【Workspace】属性页选中【Workspace】图标，单击【OK】按钮。
（3）在弹出【New Workspace】对话框中选择路径，输入文件名 addup.pbw，单击【保存】按钮，这样，就创建了一个工作区 addup.pbw。

2. 创建应用对象（Application）

（1）选择【File】菜单的【New】命令，出现【New】对话框。
（2）【Target】属性页，选中【Application】图标，单击【OK】按钮。
（3）在弹出的【Specify New Application and Library】对话框中输入 Application name："addup"，单击【Finish】按钮。这样就创建了一个名为"addup"的应用。

3. 创建窗口

在 Powerbar 工具栏上单击【New】按钮，在【New】对话框中选择【PB Object】选项卡，选中【Window】图标，单击【OK】按钮，出现窗口画板，命名为 w_1，windowtype 属性为"main"；title 属性设为"数据的添加与更新"；Windowstate 属性为 normal!，在窗口添加的控件如表 4-1 所示。

表 4-1 在窗口中添加的控件

名称	属性	属性值
Cb_1	text	上一条
Cb_2	text	下一条
Cb_3	text	添加
Cb_4	text	更新

4. 创建数据窗口对象

（1）建立一个 Freeform 风格的数据窗口对象 DW_1，然后选择【Select SQL】类型数据源。
（2）选择"BOOK"表，选择所需的字段，然后把数据源定义窗口的"SORT"栏的"BOOKID"列拖到窗口右边的框中，即对检索出的数据按"BOOKID"排序。单击工具栏中的【RETURN】按钮，最后保存为 d_add。

5. 编写代码

（1）打开应用程序对象，在 open 事件中输入代码：

```
SQLCA.DBMS = "ODBC"
SQLCA.AutoCommit = False
SQLCA.DBParm = "ConnectString = 'DSN = txl;UID = dba;PWD = sql'"
CONNECT;
OPEN(w_1)
```

(2) 在窗口 w_1 的 open 事件添加代码：
dw_1.settransobject(sqlca)
dw_1.retrieve()
(3) 为 cb_1 事件添加代码：
int m
m = dw_1.getrow()
if m > 1 then
　m = m - 1
　dw_1.scrolltorow()
　dw_1.setfocus()
else
　beep(1)
end if
(4) 为 cb_2 事件添加代码：
dw_1.scrollnextrow()
int row
row = dw_1.getrow()
(5) 为 cb_3 事件添加代码：
dw_1.scrolltorow(dw_1.insertrow(dw_1getrow() + 1))
(6) 为 cb_4 事件添加代码：
dw_1.update()

6. 运行应用程序

当应用程序创建完成以后，单击【RUN】图标，便可以运行程序了。运行结果如图 4-4 所示。

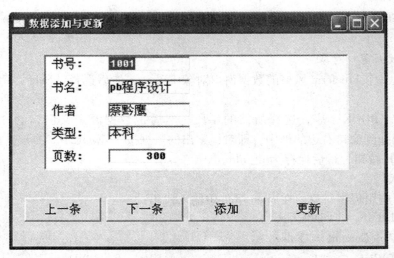

图 4-4　运行结果

第五章

数据窗口对象基本操作

本章要点

本章主要介绍如何操纵 PowerBuilder 中的数据窗口对象，它包括创建动态数据窗口、数据共享、数据窗口的使用等。数据窗口对象是 PowerBuilder 独具特色的专利，对数据进行的各种操作，包括显示、修改、查询等都是在此基础之上进行的。通过本篇的学习，就可以灵活地使用数据窗口对象，丰富数据库应用程序。

———— 本章主要内容 ————

◎ 动态创建数据窗口
◎ 学习 create（）函数
◎ 数据存储的使用
◎ 利用数据存储来实现数据共享
◎ 学习 share（）函数

5.1 动态创建数据窗口

实训目标

通过学习本实例我们将学会动态创建一个数据窗口，用户可以自由选择数据窗口的显示类型。

实训内容

在程序运行过程中被修改或创建的数据窗口对象成为动态数据窗口对象。使用动态数据窗口对象技术，可以动态地改变数据窗口对象的外观。

相关知识

本实例学习用 create 函数动态生成数据窗口对象。

实现步骤

1. 创建 Workspace（工作区）

（1）选择【File】菜单的【New】命令，出现【New】对话框。

（2）在【Workspace】属性页选中【Workspace】图标，单击【OK】按钮。

（3）在弹出【New Workspace】对话框中选择路径，输入文件名 dt.pbw，单击【保存】按钮，这样，就创建了一个工作区 dt.pbw。

2. 创建应用对象（Application）

（1）选择【File】菜单的【New】命令，出现【New】对话框。

（2）【Target】属性页，选中【Application】图标，单击【OK】按钮。

（3）在弹出的【Specify New Application and Library】对话框中输入 Application name："dt"，单击【Finish】按钮。这样就创建了一个名为"dt"的应用。

3. 创建窗口

（1）新建窗口"w_1"，在其中加入两个"commandbutton"控件"cb_1"、"cb_2"，将它们的"Text"属性分别设定为"确定"、"退出"。在窗口中加入一个"groupbox"控件"gb_1"，其"text"设定为"choose"。并在其中加入三个"Radiobutton"控件，将它们的"text"属性设定为"freeform"、"grid"、"tabular"。窗口布局如图 5-1 所示。

（2）新建窗口"w_2"，加入一个数据窗口控件"dw_1"，加入一个"Commandbutton"控件"cb_1"，将它的"Text"属性设定为"退出"。

（3）新建三个数据窗口"dw_freeform"、"dw_grid"、"dw_tabular"，显示风格分别为"freeform"、"grid"、"tabular"。

4. 编写代码

定义全局变量：

string ls_name

第五章 数据窗口对象基本操作

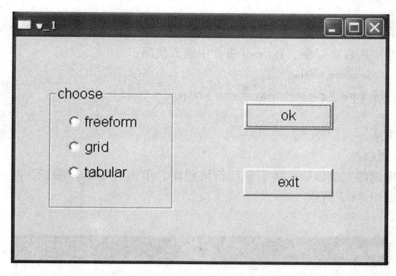

图 5-1 "w_1"窗口布局

(1) 在 w_1 窗口的 open 事件中添加如下脚本:
```
string ls_e,sql_s
string p_s,d_s
sql_s = "select 学籍表. 学号," + "学籍表. 姓名," + "学籍表. 性别 from 学籍表"
p_s = "'style(type = grid)'"
d_s = sqlca. syntaxfromsql(sql_s,'style(type = 'ls_name + '),' + 'olumn(band = detail&
id = 1 alignment = "w")',ls_e)
if len(ls_e) >0 then
    messagebox("error","create error" + ls_e)
    return
end if
dw_1. create(d_s,ls_e)
dw_1. settransobject(sqlca)
dw_1. retrieve()
```
(2) w_1 中命令按钮 c_b1 的 clicked 事件中添加如下脚本:
```
if rb_1. checked = true then
    ls_name = "freeform"
end if
if rb_2. checked = true then
    ls_name = "grid"
end if
if rb_3. checked = true then
    ls_name = "tabular"
end if
```

open(w_2)
close(parent)

最后,打开应用程序对象,在 open 事件中输入代码:

　　sqlca. autocommit = false

　　sqlca. dbparm = " connectstring = 'dsn = txl;uid = ;pwd = ;'"

connect;

open(w_1)

5. 运行应用程序

当应用程序创建完成以后,接下来运行该程序。单击【RUN】图标,便可以运行程序了。运行结果如图 5 – 2 所示。

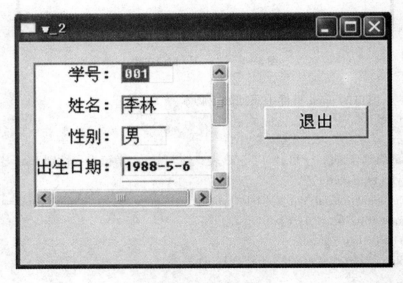

图 5 – 2　运行结果

5.2　DATASTORE 的使用

📁 实训目标

通过本例的学习,来实现利用 PowerBuilder 提供的不可视数据窗口控件来查询数据。

📁 实训内容

本实例使用了 DATASTORE 来代替数据窗口控件。

相关知识

DATASTORE 也可以利用数据窗口控件的大部分函数，它也需要一个数据窗口对象与它关联。

实现步骤

1. 创建 Workspace（工作区）
(1) 选择【File】菜单的【New】命令，出现【New】对话框。
(2) 在【Workspace】属性页选中【Workspace】图标，单击【OK】按钮。
(3) 在弹出【New Workspace】对话框中选择路径，输入文件名 share.pbw，单击【保存】按钮，这样，就创建了一个工作区 share.pbw。
2. 创建应用对象（Application）
(1) 选择【File】菜单的【New】命令，出现【New】对话框。
(2)【Target】属性页，选中【Application】图标，单击【OK】按钮。
(3) 在弹出的【Specify New Application and Library】对话框中输入 Application name："share"，单击【Finish】按钮。这样就创建了一个名为"share"的应用。
3. 创建窗口
在窗口中加入各种控件，如图 5-3 所示。

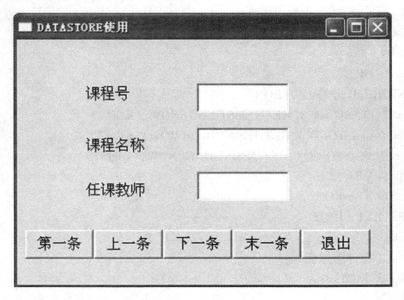

图 5-3 控件布局

4. 编写代码
(1) 打开应用程序对象，在 open 事件中输入代码：
SQLCA.DBMS = "ODBC"
SQLCA.AutoCommit = False

```
SQLCA. DBParm = " ConnectString = 'DSN = txl;UID = dba;PWD = sql'"
CONNECT;
OPEN(W_1)
```

（2）在窗口 w_1 的 open 事件中添加代码：

```
STRING KCH,KCM,RKJS
INT ROWNUM
DATASTORE_1 = CREATE DATASTORE
DATASTORE_1. DATAOBJECT = "DW_D"
DATASTORE_1. SETTRANSOBJECT(SQLCA)
DATASTORE_1. RETRIEVE()
KCH = DATASTORE_1. GETITEMSTRING(1,"KCH")
KCM = DATASTORE_1. GETITEMSTRING(1,"KCM")
RKJS = DATASTORE_1. GETITEMSTRING(1,"RKJS")
SLE_1. TEXT = KCH
SLE_2. TEXT = KCM
SLE_3. TEXT = RKJS
```

（3）为 cb_1 事件添加代码：

```
STRING KCH,KCM,RKJS
INT ROW
ROW = DATASTORE_1. GETROW()
ROW = ROW - 1
IF ROW > 0 THEN
   DATASTORE_1. SETROW(ROW)
   KCH = DATASTORE_1. GETITEMSTRING(ROW,"KCH")
   KCM = DATASTORE_1. GETITEMSTRING(ROW,"KCM")
   RKJS = DATASTORE_1. GETITEMSTRING(ROW,"RKJS")
   SLE_1. TEXT = KCH
   SLE_2. TEXT = KCM
   SLE_3. TEXT = RKJS
END IF
```

（4）为 cb_2 事件添加代码：

```
STRING KCH,KCM,RKJS
INT ROW
ROW = DATASTORE_1. GETROW()
ROW = ROW + 1
DATASTORE_1. SETROW(ROW)
KCH = DATASTORE_1. GETITEMSTRING(ROW,"KCH")
KCM = DATASTORE_1. GETITEMSTRING(ROW,"KCM")
RKJS = DATASTORE_1. GETITEMSTRING(ROW,"RKJS")
```

第五章 数据窗口对象基本操作

```
SLE_1. TEXT = KCH
SLE_2. TEXT = KCM
SLE_3. TEXT = RKJS
```

（5）为 cb_3 事件添加代码：

（略）

5. 运行应用程序

当应用程序创建完成以后，单击【RUN】图标，便可以运行程序了。运行结果如图 5 - 4 所示。

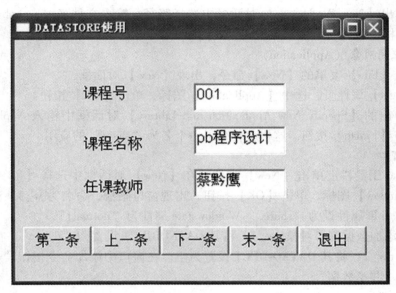

图 5 - 4　运行结果

5.3　利用 DATASTORE 数据共享

📂 实训目标

通过本例的学习，我们来实现如何利用 DATASTORE 来实现两个窗口的数据共享。

📂 实训内容

本实例在运行时实现一个数据窗口控件与数据窗口对象相关联来显示数据，而另一个数据窗口控件却使用 DATASTORE 来共享第一个数据窗口控件的数据。

📂 相关知识

实际上 DATASTORE 系统对象的实质就是数据窗口。因此，DATASTORE 系统对象具有

DATAWINDOW控件所具有的大部分功能，如数据共享等。使用这种共享技术，可以避免同样数据的重复查询，保证数据的一致性，降低数据库服务器和网络资源的开销。

本例还用到SHAREDATA函数。

实现步骤

1. 创建Workspace（工作区）

（1）选择【File】菜单的【New】命令，出现【New】对话框。

（2）在【Workspace】属性页选中【Workspace】图标，单击【OK】按钮。

（3）在弹出【New Workspace】对话框中选择路径，输入文件名share.pbw，单击【保存】按钮，这样，就创建了一个工作区share.pbw。

2. 创建应用对象（Application）

（1）选择【File】菜单的【New】命令，出现【New】对话框。

（2）【Target】属性页，选中【Application】图标，单击【OK】按钮。

（3）在弹出的【Specify New Application and Library】对话框中输入Application name："share"，单击【Finish】按钮。这样就创建了一个名为"share"的应用。

3. 创建窗口

在Powerbar工具栏上单击【New】按钮，在【New】对话框中选择【PB Object】选项卡，选中【Window】图标，单击【OK】按钮，出现窗口画板，命名为w_1，windowtype属性为"main"；title属性设为"share"。Windowstate属性为"normal!"，

在窗口中添加数据窗口对象dw_1，将其DATAOBJECT设置为"d_stu"。在窗口中添加数据窗口对象dw_2，将其DATAOBJECT设置为空。在窗口中添加命令按钮"cb_1"，将其Text属性设为"共享数据"。

4. 编写代码

（1）打开应用程序对象，在open事件中输入代码：

SQLCA.DBMS = "ODBC"
SQLCA.AutoCommit = False
SQLCA.DBParm = "ConnectString = 'DSN = txl;UID = dba;PWD = sql'"
CONNECT;
OPEN(W_1)

（2）在窗口w_1的open事件中添加代码：

dw_1.settransobject(sqlca)
dw_1.retrieve( )

（3）为cb_1事件添加代码：

data_1 = create datastore
data_1.dataobject = "d_stu"
data_1.settransobject(sqlca)
data_1.retrieve( )
dw_2.dataobject = data_1.dataobject
data_1.sharedata(dw_2)

5. 运行应用程序

当应用程序创建完成以后，接下来运行该程序。单击【RUN】图标，便可以运行程序了。运行结果如图 5-5 所示。

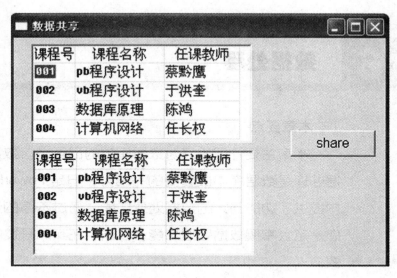

图 5-5　运行结果

第六章 数据处理

本章要点

本章主要介绍如何对数据库中的记录进行数据处理，数据处理是数据库中最重要的一部分，但是 PowerBuilder 给用户提供了功能强大的数据处理功能。通过本章的学习，相信您一定会掌握数据处理功能，以满足在实际开发中的不同需要。

---- 本章主要内容 ----

◎ 定义数据窗口的检索参数
◎ 继续熟悉下拉列表框的应用
◎ 利用检索数据窗口只显示所需要的查询
◎ 在数据窗口中使用有效性规则
◎ 实现查询功能，即通过命令按钮可以查看前一条和后一条记录

6.1 定义数据窗口的检索参数

实训目标
通过学习本实例我们将学会应用数据窗口的检索功能来实现数据的查询。

实训内容
本例实现的功能是利用下拉列表框对已有的数据进行选取，得到我们所要查询的资料，这样的查询比较直观方便，数据可直接用数据窗口显示。

相关知识
利用检索数据窗口可只显示出所要查询的一行数据，读者还可根据自己的需要添加一些其他功能，如新建、删除、更新等。

实现步骤

1. 创建 Workspace（工作区）
（1）选择【File】菜单的【New】命令，出现【New】对话框。
（2）在【Workspace】属性页选中【Workspace】图标，单击【OK】按钮。
（3）在弹出【New Workspace】对话框中选择路径，输入文件名 JS.pbw，单击【保存】按钮，这样，就创建了一个工作区 JS.pbw。

2. 创建应用对象（Application）
（1）选择【File】菜单的【New】命令，出现【New】对话框。
（2）【Target】属性页，选中【Application】图标，单击【OK】按钮。
（3）在弹出的【Specify New Application and Library】对话框中输入 Application name："JS"，单击【Finish】按钮。这样就创建了一个名为"JS"的应用。

3. 创建窗口
（1）新建窗口"w_1"，在其中加入各种控件，如图 6-1 所示。
（2）建立数据窗口，在 TXL 库中选择"成绩表"，命名为"dw_js"。
（3）定义数据窗口的检索参数。

普通的数据窗口在检索数据时只能固定地将所有符合条件的数据查询出来。但定义检索参数后就可以只检索符合条件的单一的行或列的数据。在数据窗口画板中，单击工具栏上的【SQL】按钮，进入数据窗口数据源的 SELECT 画笔，单击【Design/retrieval/Arguments】菜单，出现【Specify Retrieval Arguments】对话框。本例中我们定义了一全局变量 F1，在此对话框中检索参数名就用这个全局变量，类型设定为 REAL。单击【OK】按钮，返回画板。至此，数据窗口的检索参数定义完了。预览含有检索参数的数据窗口时，系统会自动弹出一个对话框提示输入参数值。在"VALUE"中输入一个表的名字就可以了。

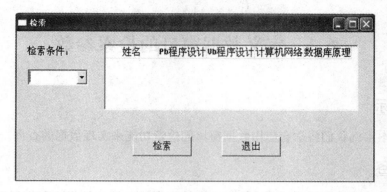

图 6-1 窗口布局

4. 编写代码

(1) 定义全局变量：

real f1

(2) 在 w_1 窗口的 open 事件中添加如下脚本：

select" 成绩表"."flash"
into:f1
from"成绩表"
where"成绩表"."flash" = :ddlb_1.text;
dw_1.settransobject(sqlca)
dw_1.retrieve(f1)

(3) 打开应用程序对象，在 open 事件中输入代码：

sqlca.autocommit = false
sqlca.dbparm = "connectstring = 'dsn = txl;uid = ;pwd = ;'"
connect;
open(w_1)

5. 运行应用程序

当应用程序创建完成以后，单击【RUN】图标，便可以运行程序了，运行结果如图 6-2 所示。

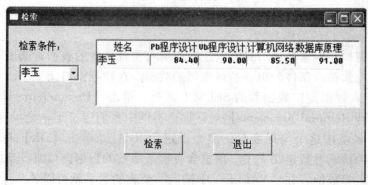

图 6-2 运行结果

6.2 在数据窗口中使用有效性规则

📁 实训目标

通过本例的学习,我们来实现数据窗口画笔中怎么定义和使用有效性规则。

📁 实训内容

用户在使用该应用程序时,如果录入的数据不符合规定的准则,则系统将用中文弹出对话框,提示用户出错原因和修改方案。

📁 相关知识

在用户录入的数据被写回数据库前,希望录入的数据是有效的,能够正常提交给数据库管理系统,有效性规则提供了这样一条途径,用户可以在数据库画笔中定义有效性规则,也可以在数据窗口画笔中定义有效性规则。

📁 实现步骤

1. 创建 Workspace(工作区)

(1)选择【File】菜单的【New】命令,出现【New】对话框。

(2)在【Workspace】属性页选中【Workspace】图标,单击【OK】按钮。

(3)在弹出【New Workspace】对话框中选择路径,输入文件名 valid.pbw,单击【保存】按钮,这样,就创建了一个工作区 valid.pbw。

2. 创建应用对象(Application)

(1)选择【File】菜单的【New】命令,出现【New】对话框。

(2)【Target】属性页,选中【Application】图标,单击【OK】按钮。

(3)在弹出的【Specify New Application and Library】对话框中输入 Application name:"valid",单击【Finish】按钮。这样就创建了一个名为"valid"的应用。

3. 创建窗口

在窗口中加入各种控件如图 6-3 所示。

4. 创建数据窗口对象

(1)创建基于期货表的数据窗口对象,风格为 Grid,数据源为"SQLSelect"。

(2)选中 header 栏内的字段名称,将其 Booder 属性设置为 Raised(6),其 BackgroundColor 属性设为 Buttonface。

(3)在数据窗口画笔中,选择【View】菜单的【ColumnSpecification】菜单项。

为期号定义有效性规则。在期号后面的"ValidationExpression"栏内填写如下表达式:Match (gettext(),"^【0-9】+$"),表示期号只能匹配阿拉伯数字,即只允许输入阿拉伯数字。在"ValidafionMessage"栏内填写如下表达式:"对不起,期号只能为1-9之间的数字",当录入数据不是阿拉伯数字时,将弹出该对话框.显示"ValidationMessage"栏内的信息。

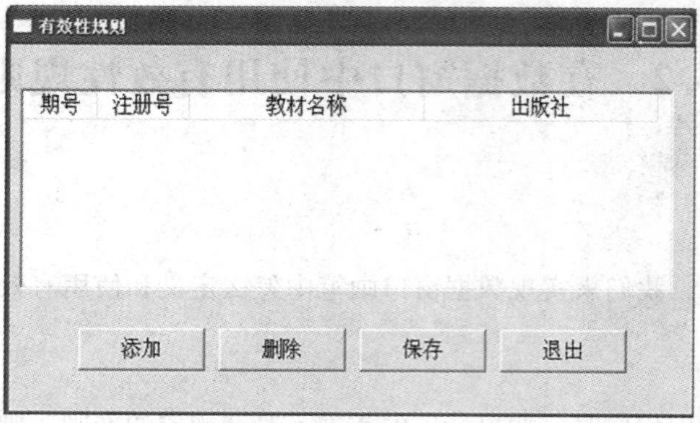

图6-3 控件布局

为注册号定义有效性规则：在注册号后面的"ValidationExpression"栏内填写如下表达式：long（gettext（））>0，表示注册号值应大于0且为数字。在"ValidationMessage"栏内填写如下表达式表达式"对不起，注册号值应大于0且为数字"。"validationExpression"栏内表达式为假时，将弹出对话框，显示"ValidationMessage"栏内的信息。

（4）保存该数据窗口对象，将其命名为d_valid。

5．编写代码

（1）打开应用程序对象，在open事件中输入代码：

SQLCA. DBMS = "ODBC"
SQLCA. AutoCommit = False
SQLCA. DBParm = "ConnectStrlng = 'DSN = txl; UID = dba; PWD = sql;'"
CONNECT;
OPEN(w_main)

（2）在窗口w_1的open事件添加代码：

dw_1. dataobject = "d_valid"
dw_1. settransobject(sqlca)
dw_1. setrowfocusindicator(hand, -10, -10)
dw_1. retrieve( )

（3）为cb_1事件添加代码：

long cur_row
cur_row = dw_1. getrow( ) -1
dw_1. setrow(cur_row)
dw_1. setcolumn(1)
dw_1. scrolltorow(cur_row)
dw_1. setfocus( )

（4）为cb_2事件添加代码：

long cur_row
cur_row = dw_1. getrow( ) +1
dw_1. setrow(cur_row)

dw_1. setcolumn(1)
dw_1. scrolltorow(cur_row)
dw_1. setfocus()

(5) 为 cb_3 事件添加代码：
int li_rc
li_rc = dw_1. insertrow(dw_1,getrow())
if li_rc = -1 then
　messagebox("error","don't insert!")
　return
end if
dw_1. setcolumn(1)
dw_1. scrolltorow(dw_1. getrow() -1)
dw_1. setfocus()

(6) 为 cb_4 事件添加代码：
int li_rc
li_rc = dw_1. deleterow(dw_1,getrow())
if li_rc = -1 then
　messagebox("errors","don't delete!")
end if
dw_1. setfocus()

(7) 为 cb_5 事件添加代码：
dw_1. updata()

(8) 为 cb_6 事件添加代码：
close(parent)

6. 运行应用程序

当应用程序创建完成以后，单击【RUN】图标，便可以运行程序了。运行结果如图 6 - 4 所示。

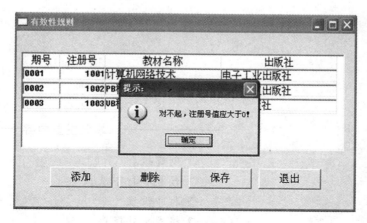

图 6 - 4　运行结果

第七章 报表打印

本章要点

报表是数据库管理系统中经常用到的部分，报表将数据库中的数据进行统计和汇总并按需要组织成特定的格式，以便于打印和阅读。本章主要介绍如何在应用程序中使用报表，并最终打印成用户可以简单明了地进行阅读和分析的文件。

―――――― 本章主要内容 ――――――

◎ 创建报表
◎ 预览和打印报表
◎ 打印设置
◎ 报表文件保存

7.1 创建报表

实训目标

通过本实例的学习，使读者学会在 PowerBuilder 中如何使用数据窗口对象创建标准的商业报表。

实训内容

新建一个数据窗口对象，并定义报表的格式和数据。

相关知识

本节主要介绍数据窗口对象的高级应用，设定分组排序。实例通过对报表的定义，使读者对数据窗口的应用有更深入的了解。

操作步骤

（1）首先启动 PowerBuilder。单击工具栏上的【New】按钮，打开【New】对话框，激活【DataWindow】选项卡，选择【Tabular】图标，创建一个列表风格的数据窗口对象。在创建数据窗口对象向导的【Choose Data Source for Tabular DataWindow】对话框中选择【Quick Select】图标；在【Quick Select】对话框中选择显示 employee 数据表的全部列，创建的列表风格的数据窗口在数据窗口画笔中的显示如图 7-1 所示。

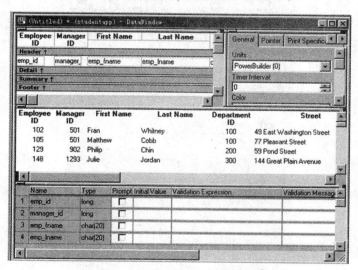

图 7-1　列表风格的数据窗口对象

（2）单击工具栏上的【Save】按钮，将创建的数据窗口对象命名为 d_employee。现在数据窗口对象中的数据并没有进行分组，数据是按照 Employee ID 从小到大的顺序排的。

重点提示 有些情况下需要对数据进行分组显示,如将一个部门中的员工分成一组,同一个部门中的员工按编号的顺序排序,一个部门显示结束时,另一个部门从新的一页开始显示。这些应用都可以通过对数据窗口设置分组来实现。下面设置按照 Department ID 分组,让同一个部门的员工分成一组显示。

(3) 选择【Rows】|【Create Group…】命令,打开【Specify Group Columns】对话框,如图 7-2 所示。

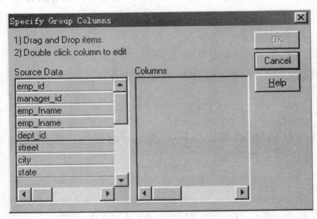

图 7-2 【Specify Group Columns】对话框

(4) 从【Specify Group Columns】对话框的【Source Data】列表中将要设置分组依据的【dept_id】列拖曳到【Columns】列表中,然后单击【OK】按钮创建分组,如图 7-3 所示。

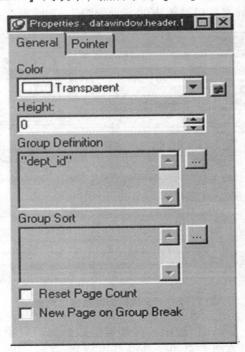

图 7-3 【Properties】视图

(5)【Properties】视图的【Group Definition】列表框中显示了第4步设置的分组依据列,单击旁边的按钮,会再次打开【Specify Group Columns】对话框,编辑分组;【Group Sort】列表框用于指定分组排序,单击旁边的按钮,会打开【Specify Sort Columns】对话框,如图7-4所示。

技巧专授 数据窗口控件支持多个分组,如果要编辑分组的属性,可以选择【Rows】|【Edit Group】命令,然后选择要编辑的分组名,也可以打开【Properties】视图,编辑分组的属性;如果要删除某个分组,请选择【Rows】|【Delete Group】命令,然后选择要删除的分组名,删除选中的分组。

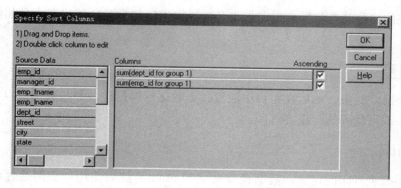

图7-4 【Specify Sort Columns】对话框

(6)在【Specify Sort Columns】对话框将要设置为排序依据的【dept_id】列从【Source Data】列表中拖曳到【Columns】列表中,然后再将【emp_id】列从【Source Data】列表中拖曳到【Columns】列表中,单击【OK】按钮返回数据窗口画笔。此时数据窗口的【Preview】视图如图7-5所示。

重点提示 这里我们创建了两个排序,首先对分组进行排序,然后在分组内按员工号进行排序,两个排序都按缺省的升序排列。

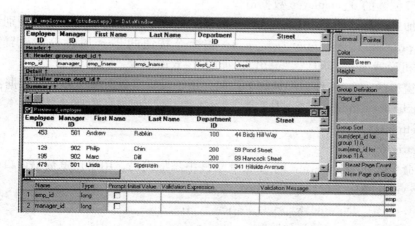

图7-5 显示数据分组的【Preview】视图

(7)【Preview】视图的【New Page on Group Break】复选框用于指定是否将新的一个分组显示在另一个新的页面内。

(8)单击工具栏上的【Save】按钮,保存所有的设置。至此完成了分组的创建。

7.2 预览和打印报表

实训目标

使用报表的目的就是将报表打印出来,通过本实例的学习,使读者学会如何实现报表打印。

实训内容

新建一个窗口对象,然后在窗口中放置一个数据窗口控件,并与数据窗口对象关联,设置相关控件,编写代码执行报表打印。

相关知识

本节介绍报表打印的定义,数据窗口对象的 print 函数的使用。实例通过对报表打印的定义,使读者学习数据窗口的打印输出的方法。

操作步骤

(1)首先启动 PowerBuilder。单击工具栏上的【New】按钮,打开【New】对话框,激活【Workspace】选项卡,输入路径保存。

(2)单击【File】菜单下的【New】菜单项,在【Target】标签下选择【Application】图标,然后单击【OK】按钮,建立 APP 应用。

(3)创建窗口对象 w_print,在窗口上创建数据窗口控件 dw_1,并将其 DataObject 属性设置为上一节创建的 d_employee 数据窗口。

(4)添加三个命令按钮(CommandBotton),将命令按钮的 Name 属性分别设置为 cb_preview、cb_printsetup、cb_print、cb_exit,将命令按钮的 Text 属性分别设置为"打印预览"、"打印机设置"、"打印"、"退出"。如图 7-6 所示。

(5)在窗口的 open 事件中添加如下代码,用于设置事务对象,并获取数据:

```
dw_1.setrowfocusindicator(hand!)
dw_1.settransobject(sqlca)
dw_1.retrieve()
```

(6)在命令按钮 cb_preview 的 clicked 事件中添加代码,用于预览数据窗口中的内容:

```
if cb_preview.text = "打印预览" then
    dw_1.object.datawindow.print.preview = "yes"
    cb_preview.text = "取消预览"
```

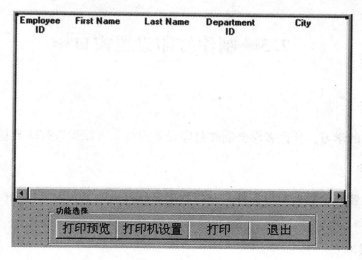

图 7-6 打印报表窗口

else

    cb_preview. text = "打印预览"

    dw_1. object. datawindow. print. preview = "no"

end if

（7）在命令按钮 cb_printsetup 的 clicked 事件中添加代码，用于设置打印机：

printsetup( )

（8）在命令按钮 cb_print 的 clicked 事件中添加代码，用于打印数据窗口中的内容：

dw_1. print(true)

在命令按钮 cb_exit 的 clicked 事件中添加代码，用于退出打印窗口：

close(parent)

（9）保存所作的修改，然后运行程序，结果如图 7-7 所示。

图 7-7 打印报表窗口运行界面

7.3 制作打印设置窗口

实训目标

通过本实例的学习，使读者学会制作打印设置窗口，可以设置打印数量、打印范围等。

实训内容

在窗口中放置一个数据窗口控件，并与数据窗口对象关联，设置相关控件，编写代码执行报表打印设置。

相关知识

本实例使用 PowerBuilder8.0 中为 DataWindow 对象提供的 Print 子对象，通过该对象的 Page 子对象、Copies 属性、Collate 属性，在程序中非常方便地实现对打印机的操作。

操作步骤

（1）先启动 PowerBuilder。单击工具栏上的【New】按钮，打开【New】对话框，激活【Workspace】选项卡，输入路径保存。

（2）单击【File】菜单下的【New】菜单项，在【Target】标签下选择【Application】图标，然后单击【OK】按钮，建立 APP 应用。

（3）创建窗口对象 print_main，在窗口上创建数据窗口控件 dw_1 和两个 CommonButton 控件，设置如图 7-8 所示。

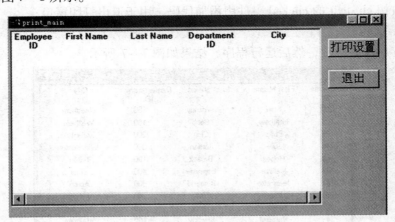

图 7-8 主窗口设置界面

（4）再建立一个窗口对象 w_printsetup，向窗口内添加一个 Group 控件、三个 StaticText 控件、一个 SingleLineEdit 控件、一个 EditMask 控件、两个 RadioButton 控件、一个 CheckBox 控件、一个 DropDownPictureListBox 控件和四个 CommonButton 控件，如图 7-9 所示。

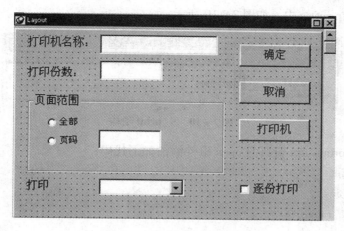

图7-9 打印设置窗口界面

(5) 单击【New】标签,选取【DataWindow】下的【Grid】,单击【OK】按钮,选择【SQL】图标,单击【Next】按钮。

(6) 在弹出的窗口中选择 customer 表,单击【Open】按钮,打开 customer 表,单击【Cancel】按钮,关闭【Select Tables】对话框。

(7) 选择 customer 表中的 ID、frame 和 lname 数据列,关闭【Select】面板,在弹出的【Select】对话框中单击【Yes】按钮,进入【Select Color and Border Settings】对话框,不做改动,单击【Next】按钮,进入【Ready to Create Freeform DataWindow】对话框,检查无误后,单击【完成】按钮。

(8) 将数据窗口对象保存为 dw_1。

(9) 单击【New】按钮,在弹出的对话框中单击【PB Object】标签中的 Function 图标,单击【OK】按钮。

(10) 建立用户函数 f_print(string as_title, datawindow adw_to_print)returns integer,输入如下代码:

```
integer li_rc
s_print ls_print
li_rc = 0
ls_print. s_title = as_title
ls_print. dw_to_print = adw_to_print
OpenWithParm( w_print, ls_print)
Li_rc = message. DoubleParm
If IsNull( li_rc) then
    Li_rc = 0
End if
Return li_rc
```

(11) 单击【New】按钮,在弹出的窗口中单击【PB Object】标签中的【Structure】图标,单击【OK】按钮。

（12）定义 S_print 结构，如图 7-10 所示。

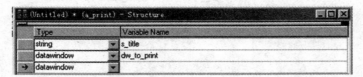

图 7-10 S_print 结构

（13）为 w_printsetup 窗口的 open 事件添加如下代码：

s_print ls_print
integer li_copies
string ls_page_range
integer li_range_include
ls_print = message. PowerObjectParm
SetPointer(HourGlass！)
This. title = ls_print. s_title
This. idw_print = ls_print. dw_to_print
This. sle_printer. text = this. idw_print. describe("DataWindow. Printer")
Li_copies = integer(this. idw_print. describe("DataWindow. Print. Copies"))
If li_copies < 1 then
　　This. em_copies. text = "1"
Else
　　This. em_copies. text = string(li_copies)
End if
Ls_page_range = this. idw_print. describe("DataWindow. Print. Page. Range")
If ls_page_range = " " then
　　This. rb_all. checked = true
　　This. rb_pages. checked = false
　　This. sle_pages. text = " "
　　End if
Li_range_include = integer(this. idw_print. describe & ("DataWindow. Print. Page. RangeInclude"))
If li_range_include = 2 then
　　This. ddlb_print. text = "奇数页"
Elseif li_range_include = 1 then
　　This. ddlb_print. text = "偶数页"
Else
This. ddlb_print. text = "所有页"
End if
If this. idw_print. describe("DataWindow. Print. Collate") = "yes" then

```
    This. cbx_collate. checked = true
Else
    This. cbx_collate. checked = false
End if
```

（14）为 print_main 窗口对象的 open 事件添加如下代码：

```
integer li_rc
long ll_row_count
li_rc = dw_before. SetTransObject(SQLCA)
if li_rc < >1 then
    MessageBox("Error", "SetTransObject")
    Return
End if
Ll_row_count = dw_before. retrieve()
If ll_row_count <0 then
MessageBox("Error", "Retrieve")
Return
End if
```

（15）为 app 的 Open 事件输入如下代码：

```
SQLCA. DBMS = "ODBC"
SQLCA. DBParm =  "ConnectString = 'DSN = EAS Demo DB V4;UID = DBA;PWD = SQL;'"
Connect using SQLCA;
If SQLCA. SQLCode < >0 then
MessageBox("error", "Connect")
Return
End if
Open(print_main)
```

（16）运行程序，在主窗口单击【打印设置】按钮，进入打印设置窗口，依次设置要使用的打印机型号、打印份数、打印页面范围等，如图 7-11 所示。

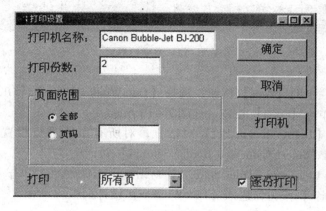

图 7-11　打印设置运行窗口

7.4 将报表数据保存到 Excel 中

实训目标

通过本实例的学习，使读者学会如何将报表数据保存到 Excel 文件中。

实训内容

在窗口中设置报表，编写程序代码，将数据窗口中的数据保存到 Excel 文件中。

相关知识

本实例使用 PowerBuilder8.0 中提供的 OLEObject 对象，通过该对象的相关方法和函数，实现对数据报表保存到 Excel 文件的操作。

操作步骤

(1) 动 PowerBuilder。单击工具栏上的【New】按钮，打开【New】对话框，激活【Workspace】选项卡，输入路径保存。

(2) 单击【File】菜单下的【New】菜单项，在【Target】标签下选择【Application】图标，然后单击【OK】按钮，建立 APP 应用。

(3) 创建窗口对象 w_main，在窗口上创建数据窗口控件 dw_1 和两个 CommonButton 控件，设置如图 7-12 所示。

图 7-12 主窗口界面

(4) 单击工具栏上的【New】按钮，选择【DataWindow】下的【OK】按钮，继续选取【External】图标，单击【Next】按钮。如图 7-13 所示。

(5) 这时进入【Define Result Set】对话框，对所有字段进行设置，完成之后，单击【Next】按钮，进入【Select Color and Border Settings】对话框。

(6) 在【Select Color and Border Settings】对话框中不做改动，单击【Next】按钮，检查无误后，单击【Finish】按钮，进入【DataWindow】设计面板。

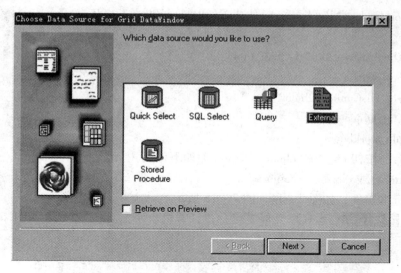

图 7-13 【Choose Data Source】窗口界面

（7）在 DataWindow 设计画板中，选择【View/Data】菜单，打开【Data】视图，并输入数据。

（8）关闭【DataWindow】设计面板，保存 DataWindow 对象为 dw_external_sale。

（9）为命令按钮 cb_1 的 clicked 事件添加如下代码：

```
OLEObject ole_object,ole_workbooks
Ole_object = CREATE OLEObject
If ole_object.connectToObject("Excel.Application") < >0 then
    MessageBox("OLE 错误","OLE 无法连接!")
    Return
End if
Ole_object.workbooks.add
Ole_object.Visible = True
Ole_workbooks = ole_object.Worksheets(1)
Ole_workbooks.cells(1,1).value = "序号"
Ole_workbooks.cells(1,2).value = "品名"
Ole_workbooks.cells(1,3).value = "单价"
Ole_workbooks.cells(1,4).value = "数量"
Ole_workbooks.cells(1,5).value = "时间"
Long l_row
For l_row = 2 to dw_1.rowcount()
    Ole_workbooks.cells(l_row,1).value = dw_1.getitemstring(l_row,1)
    Ole_workbooks.cells(l_row,2).value = dw_1.getitemstring(l_row,2)
    Ole_workbooks.cells(l_row,3).value = dw_1.getitemnumber(l_row,3)
    Ole_workbooks.cells(l_row,4).value = dw_1.getitemnumber(l_row,4)
```

         Ole_workbooks.cells(l_row,5).value = dw_1.getitemtime(l_row,5)
    Next
    Ole_workbooks.SaveAs("d:\bak\table.xls")
    Ole_Object.quit()
    Ole_Object.DisConnectObject()
    Destroy Ole_Object
    Destroy ole_workbooks

（10）为命令按钮 cb_2 的 clicked 事件添加如下代码：

    close(parent) 或 close(w_main)

（11）运行本实例，如图 7-14、图 7-15 所示。

重点说明 本程序实例要运行，计算机中一定要安装 Microsoft Excel。

图 7-14 运行界面（1）

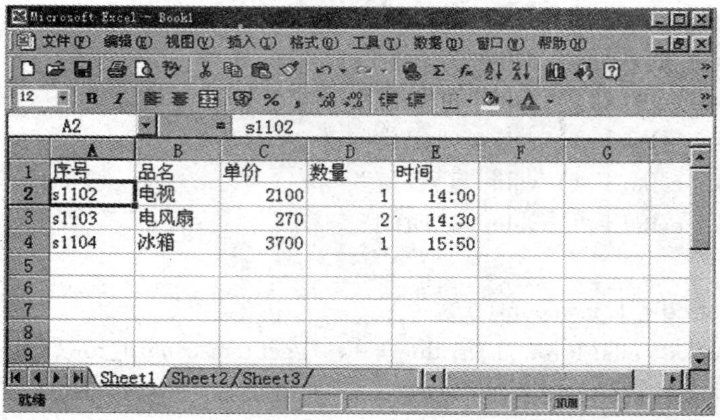

图 7-15 运行界面（2）

第八章 高级控件的用法

本章要点

第 5 章中已经对常用窗口控件进行了介绍，本章继续对一些较为复杂的高级窗口控件的使用方法，它们不仅与应用程序的界面有关，也提供了操作和使用数据库中数据的灵活的方法。

―――――― 本章主要内容 ――――――

◎ Tab 标签控件
◎ TreeView 树状界面控件
◎ 轨迹条控件
◎ OLE 控件
◎ 建立框架网页
◎ 超级链接控件

8.1 TAB 标签控件

实训目标

在本实例中,我们将学习 TAB 标签控件的使用方法,以及它的一些属性的设置。

实训内容

创建一个基于标签控件的电话号码查询应用程序,实现按姓氏查看用户电话号码,在用户单击不同的标签时,查看相应的数据库记录。

相关知识

本节主要介绍 TAB 控件的相关事件,如 selectionchanged 事件。在开发过程中要利用到数据窗口,我们可以根据标签选择的不同,设定数据窗口的检索条件。

操作步骤

(1) 在相应的数据库中建立"电话号码"(phone)表,结构如下:

first_name	char (1)
name	char (10)
home_tel	char (10)
off_tel	char (10)
email	char (20)

(2) 建立数据窗口对象 d_phone,如图 8-1 所示。

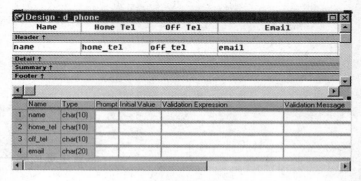

图 8-1 建立数据窗口对象

重点提示 我们在这里要按照姓名的第一个字母在某个范围内显示联系人的电话号码,所以上面建立的数据窗口 d_phone 应该带有两个参数,这里设置为 first1,first2,定义 where 子句如图 8-2 所示。

第八章 高级控件的用法

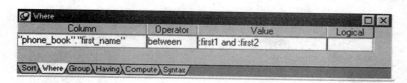

图 8-2 【where】参数设置

（3）按前面提到的方法定制一个含有数据窗口控件的 Custom Visual 类用户对象，数据窗口控件名为 dw_1，对应与前面建立的 d_phone 数据窗口对象，最后将该用户对象保存为 uo_tab，如图 8-3 所示。

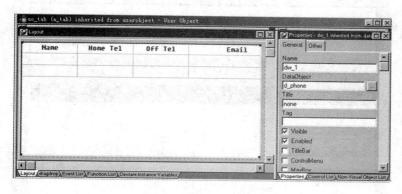

图 8-3 定制用户对象

技巧专授 Tab 控件中的选项可以是 PowerBuilder 内置的选项卡，也可以是 Custom Visual（定制类可见）用户对象。一般情况下，当各个选项卡的内容不具有共同性质时采用前者；而各个选项卡的内容具有相同性质时，则采用后者。本例中不同选项卡上显示的信息具有相同性质，所以我们定义用户对象 uo_tab。

（4）建立一个新窗口 w_phone，并在窗口上建立一个 Tab 控件，删除初始的内置选项卡，右击 Tab 控件的标签区域，从弹出的快捷菜单中选择【Insert User Object】选项，打开【Select Object】对话框，选择上面建立的 uo_tab 用户对象，然后单击【OK】按钮，新增一个从用户对象继承来的选项卡，如图 8-4 所示。

（5）连续插入 7 个 Custom Visual 用户对象（uo_tab）作为选项卡，7 个选项卡的名称分别为 tab_page_1 ~ tab_page_7，它们的 Tab Text 属性（标签文本）分别为：a-d、e-g、h-k、l-n、o-t、u-w、x-z，如图 8-5 所示。

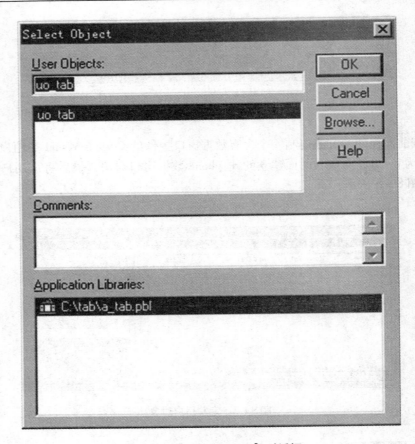

图 8-4 【Select Object】对话框

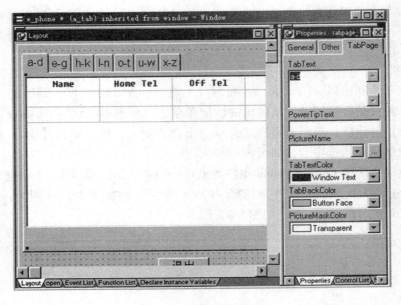

图 8-5 Tab 控件窗口

(6) 在 tab_1 控件的 selectionchanged 事件下添加如下代码:
```
choose case tab_1.selectedtab
    case 1
        tab_1.tabpage_1.dw_1.settransobject(sqlca)
        tab_1.tabpage_1.dw_1.retrieve('a','d')
    case 2
        tab_1.tabpage_2.dw_1.settransobject(sqlca)
        tab_1.tabpage_2.dw_1.retrieve('e','g')
    case 3
        tab_1.tabpage_3.dw_1.settransobject(sqlca)
        tab_1.tabpage_3.dw_1.retrieve('h','k')
    case 4
        tab_1.tabpage_4.dw_1.settransobject(sqlca)
        tab_1.tabpage_4.dw_1.retrieve('l','n')
    case 5
        tab_1.tabpage_5.dw_1.settransobject(sqlca)
        tab_1.tabpage_5.dw_1.retrieve('o','t')
    case 6
        tab_1.tabpage_6.dw_1.settransobject(sqlca)
        tab_1.tabpage_6.dw_1.retrieve('u','w')
    case 7
        tab_1.tabpage_7.dw_1.settransobject(sqlca)
        tab_1.tabpage_7.dw_1.retrieve('x','z')
end choose
```

(7) 在应用程序的 open 事件下添加如下代码:
```
sqlca.dbms = "odbc"
sqlca.autocommit = false
sqlca.dbparm = "connectstring = 'dsn = phone;uid = dba;pwd = sql'"
connect using sqlca;
if sqlca.sqlcode < >0 then
    messagebox("提示!","连接数据库失败!原因:" + sqlca.sqlerrtext)
    return
end if
open(w_phone)
```

(8) 单击【运行】按钮启动应用程序,进入窗口界面,选择不同的标签,查询相应的记录,如图 8-6 所示。

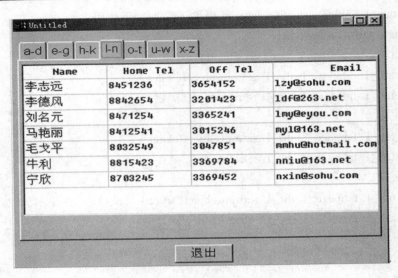

图 8-6 应用程序运行界面

8.2 TreeView 树状界面控件

📁 实训目标

TreeView 树状界面控件提供了一种表现列表中层次关系的方法,通过本实例的学习,读者学习如何在应用程序中使用 TreeView 树状界面控件以及轨迹条控件。

📁 实训内容

建立窗口界面,使用 TreeView 控件以树形目录结构直观清晰地反映出部门和雇员的所属关系,进行带层次的关系数据查询。

📁 相关知识

在本节中我们将介绍 TreeView 控件、轨迹条控件、分组框控件的相关函数和事件。

📁 操作步骤

(1) 单击工具栏上的【New】按钮,在【New】对话框的【Workspace】标签下选择【Workspace】,单击【OK】按钮,输入路径保存。

(2) 单击工具栏上的【New】按钮,在【New】对话框的【Target】标签下选择【Application】,建立应用程序对象 a_treeview。

(3) 新建窗口对象 w_treeview,窗口包括如下对象:树形视图控件 tv_1、数据窗口控件对象 dw_1、命令按钮 cb_1、轨迹条控件 htb_1、分组框控件 gb_1,如图 8-7 所示。

第八章 高级控件的用法

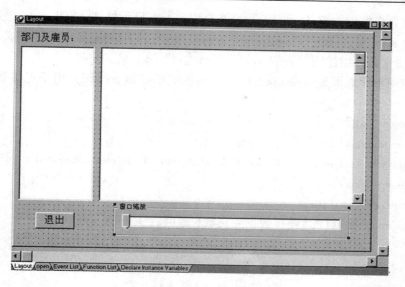

图 8-7 窗口界面

（4）新建数据窗口对象 d_dept，选择 Grid 显示格式、SQL Select 数据源，选择 department 表的 dept_id、dept_name 列。

重点提示 这里我们使用 PowerBuilder 的样本数据库 EAS Demo DB V4 IM 中的数据表。

（5）新建数据窗口对象 d_emp，选择 Grid 显示格式、SQL Select 数据源，选择 employee 表的 emp_id、emp_fname、emp_lname、dept_id、birth_date 列，定义检索参数 ai_deptid，并在检索条件中注明"employee"、"dept_id" = : ai_deptid，如图 8-8 所示。

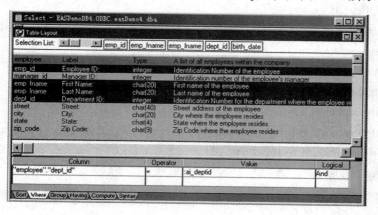

图 8-8 新建数据窗口

技巧专授 在 Design 菜单中选择 Retrieval Arguments……菜单项，打开【Specify Retrieval Arguments】对话框，在指定检索参数 ai_deptid，类型为 Number。

(6)新建数据窗口对象 d_emp_one,选择 Freedom 显示格式、SQL Select 数据源,选择 employee 表的 emp_id、emp_fname、emp_lname、dept_id、birth_date 列。定义检索参数ai_empid,并在检索条件中注明 "employee"、"emp_id" =:ai_empid

(7)在应用程序对象 a_treeview 的 Open 事件中添加如下代码,用于连接数据库,打开运行窗口。

```
sqlca.dbms = "odbc"
sqlca.autocommit = false
sqlca.dbparm = "connectstring = 'dsn = eas demo db v4 im;uid = dba;pwd = sql' "
connect using sqlca;
if sqlca.sqlcode < >0 then
    messagebox("提示!","连接数据库失败!原因:" + sqlca.sqlerrtext)
    return
end if
open(w_treeview)
```

(8)在应用程序对象 a_treeview 的 Close 事件中添加如下代码,用于断开与数据库的连接。

```
disconnect using sqlca;
```

(9)在窗口对象的 open 事件中添加如下代码,用于检索所有部门、雇员信息,并以树形视图结构显示出来。

```
long newitem,rootitem
int count1,count2,i,j,code,empid
treeviewitem tv_item
string name,code1
datastore ds_dept,ds_emp
ds_dept = create datastore
ds_emp = create datastore
ds_dept.dataobject = "d_dept"
ds_emp.dataobject = "d_emp"
ds_dept.settransobject(sqlca)
ds_emp.settransobject(sqlca)
rootitem = tv_1.finditem(roottreeitem!,0)
tv_1.setredraw(false)
tv_1.deleteitem(rootitem)
tv_item.label = "部门信息"
tv_item.pictureindex = 1
tv_item.selectedpictureindex = 1
rootitem = tv_1.insertitemfirst(0,tv_item)
ds_dept.retrieve()
count1 = ds_dept.rowcount()
```

```
    for i = 1 to count1
        code = ds_dept.getitemnumber(i,1)
        code1 = string(code)
        tv_item.label = code1
        tv_item.pictureindex = 2
        tv_item.selectedpictureindex = 2
        newitem = tv_1.insertitemlast(rootitem,tv_item)
        ds_emp.retrieve(code)
        count2 = ds_emp.rowcount()
        for j = 1 to count2
            empid = ds_emp.getitemnumber(j,"emp_id")
            tv_item.label = string(empid)
            tv_item.pictureindex = 3
            tv_1.insertitemlast(newitem,tv_item)
        next
    next
tv_1.setredraw(true)
```

（10）在窗口 w_treeview 的 tv_1 对象的 clicked 事件中添加如下代码，用于定义用户在树形视图中单击不同层次对象时，数据窗口中显示该对象的详细数据。

```
treeviewitem tv_item
string name
int name1
tv_1.getitem(handle,tv_item)
if tv_item.pictureindex = 2 then
        name = tv_item.label
        name1 = integer(tv_item.label)
        dw_1.dataobject = 'd_emp'
        dw_1.settransobject(sqlca)
        dw_1.retrieve(name1)
elseif tv_item.pictureindex = 3 then
    name = tv_item.label
    name1 = integer(tv_item.label)
    dw_1.dataobject = 'd_emp_one'
    dw_1.settransobject(sqlca)
    dw_1.retrieve(name1)
end if
```

重点提示 接下来我们来定义轨迹条控件的程序代码，实现用户拖动滑块时，数据窗口实时动态缩放。

(11) 在窗口的 open 事件下添加如下代码, 用于定义数据窗口的最小、最大以及初始大小, 并定义滑块移动单位。

htb_1. minposition = 20
htb_1. maxposition = 200
htb_1. position = 100
htb_1. pagesize = 20
htb_1. linesize = 5

(12) 在 htb_1 的 Moved、LineLeft、LineRight、PageLeft、PageRight 事件下均添加如下代码, 指定数据窗口控件中的数据窗口对象的缩放值。

dw_1. object. datawindow. zoom = this. position

重点提示 此时拖动轨迹条控件的滑块、按键盘的左右箭头、单击轨迹条或按 PageDown、PageUp 键, 均可实现数据窗口的缩放。

(13) 单击【运行】按钮启动应用程序, 进入窗口界面, 单击左侧窗口的层次对象, 该对象的详细信息将出现在右侧的数据窗口内, 如图 8-9 所示。

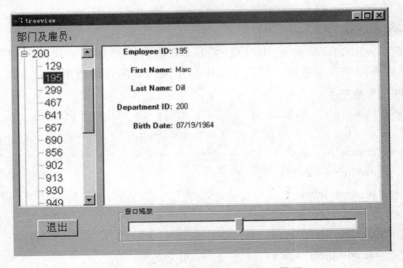

图 8-9 TreeView 应用程序运行界面

8.3 OLE 控件的使用

实训目标

通过本实例的学习, 让读者掌握 OLE 窗口控件的编程方法, 熟悉 OLE 控件的主要属性。

第八章 高级控件的用法

📁 实训内容

建立窗口界面，并创建一个日历 OLE 控件，通过日历 OLE 控件来选择时间。

📁 相关知识

在本节中我们将介绍 OLE Ctrol 属性设定、OLE 对象的事件如 after update。在本例中我们将在 PowerBuilder 中应用一个日历 OLE 对象，以此来熟悉 Windows 系统的"对象链接与嵌入"，这里的对象可以来自不同的应用软件和程序，关键是如何根据需要设计接口。

📁 操作步骤

（1）建立一个窗口对象。并在窗口对象中建立两个静态文本框：st_1、st_2。

（2）在控件下拉列表工具栏中选择 OLE 控件，弹出【Insert Object】对话框，选择【Insert control】选项卡，从【Control Type】列表框中选择"Calendar Control9.0"，然后单击【OK】按钮，对话框关闭，然后在窗口中单击，就会出现一个日历控件。如图 8－10 所示。

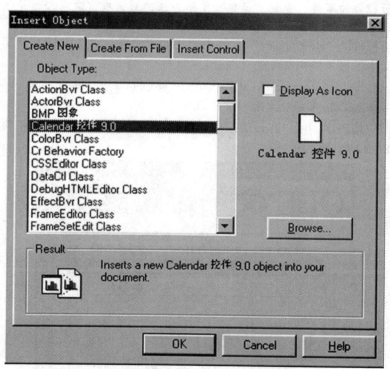

图 8－10　【Insert Object】对话框

（3）在日历控件上单击鼠标右键，从弹出的快捷菜单中选择"OLE Properties……"菜单，弹出【OLE Ctrol 属性】对话框，如图 8－11 所示，根据需要对 OLE 控件的属性进行调整。

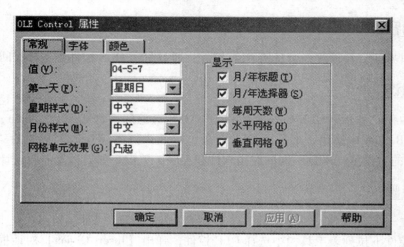

图 8-11 【OLE Ctrol】属性对话框

技巧专授 在【OLE Ctrol 属性】对话框中单击【帮助】按钮,会弹出有关日历控件的事件、变量、函数和使用方法的对话框,这对编程是很有用的。

(4)在日历控件的"after update"事件中添加如下代码,实现从 OLE 日历控件选择不同日期时,静态文本框显示用户选择的日期。

st_2. text = string(loe_1. object. year) + "年" + string(ole_1. object. month)
 + "月" + string(ole_1. object. day) + "日"

(5)运行该应用程序,用户在日历控件中选择不同日期时,静态文本框将显示用户选择的日期,如图 8-12 所示。

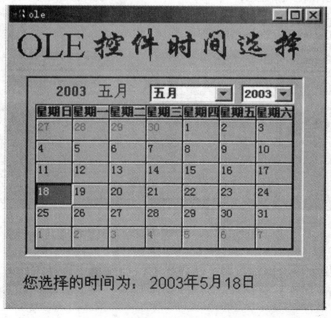

图 8-12 OLE 日历控件应用程序运行界面

8.4 在 PB 中建立框架网页

📁 实训目标

在本实例中我们来学习使用 PowerBuilder8.0 中的 Web Target 对象创建框架网页，实现 Frame 和超级链接的结合。

📁 实训内容

在 PowerBuilder 中创建 Frame 页面，创建 WEB 页面超链接。

📁 相关知识

在 PB 中我们可以使用 Web Target 对象创建与在 FrontPage 中创建的一样的 Frame 网页。

📁 操作步骤

（1）单击菜单【File】下的【New】选项，在弹出的对话框中选取【Workspace】标签下的【Workspace】，填入路径保存；然后单击菜单【New】，选取【Target】标签下的【Web Site】，单击【OK】按钮，如图 8－13 所示。

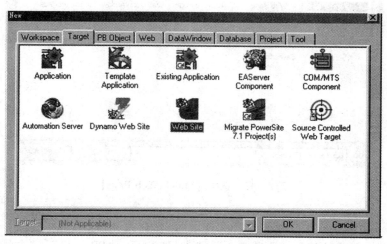

图 8－13　New Target 窗口界面

（2）进入【Specify New Web Target】对话框，在其中输入对象的名称，建立 Target1，如图 8－14 所示。

（3）选择【File/New】菜单，打开【New】对话框，激活【Web】标签，选择【Quick Web Page】图标，进入 HTML 设计面板，如图 8－15 所示。

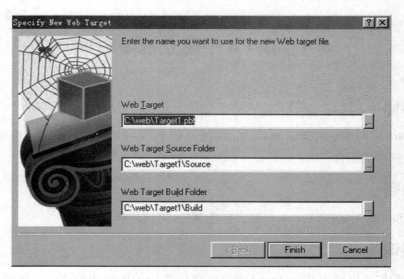

图 8-14 【Specify New Web Target】对话框

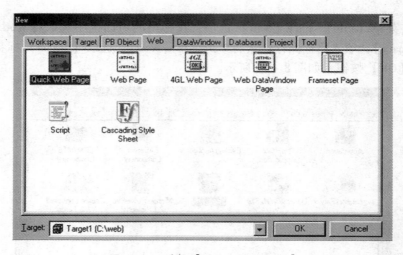

图 8-15 选择【Quick Web Page】

（4）在 Web 页面中输入"编程技巧交换区"，保存为"Page1.htm"。

（5）按照类似的方法建立"下载中心"、"常见问题"、"PB 论坛"、"友情链接"、"我的个人空间"页面，分别保存为"Page2.htm"、"Page3.htm"、"Page4.htm"、"Page5.htm"、"index.htm"。

（6）建立一个新的网页，输入"主页"、"编程技巧交换区"、"下载中心"、"常见问题"、"PB 论坛"、"友情链接"六个标题，保存为"Page0.htm"。

（7）选择【File/New】菜单，打开【New】对话框，激活【Web】标签，双击【FrameSet Page】图标，进入【About the New Frameset Wizard】对话框，如图 8-16 所示。

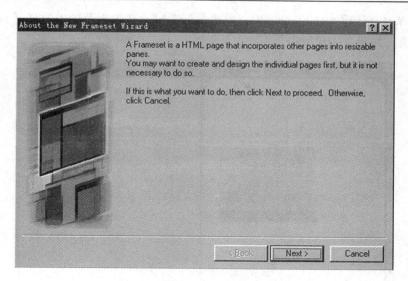

图 8-16 【About the New Frameset Wizard】对话框

(8) 在【About the New Frameset Wizard】对话框中,单击【Next】按钮,进入【Specify New HTML File】对话框。

(9) 在【Specify New HTML File】对话框中,修改其 Title 值为"index1",单击【Next】按钮,进入【Choose Frameset Style】对话框,如图 8-17 所示。

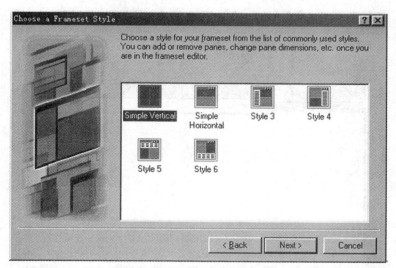

图 8-17 【Choose Frameset Style】对话框

(10) 在【Choose Frameset Style】对话框中,选择【Simple Vertical】图标,单击【Next】按钮,进入【Ready to Create Frameset Page】对话框。

(11) 在【Ready to Create Frameset Page】对话框中单击【Next】按钮,进入 Frameset 设计面板。

（12）在 Web 页面左边的 Frame 中，单击鼠标右键，在弹出菜单中选择【Frameset Properties】菜单项，如图 8-18 所示。

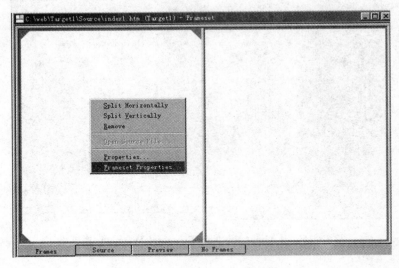

图 8-18 【Frameset】窗口

（13）打开【Frameset Properties】对话框，在【Frameset】标签中，取消对 3-D border 复选框的选中；在【Advanced】标签中，设置 COLS 值为 35%，如图 8-19 所示。

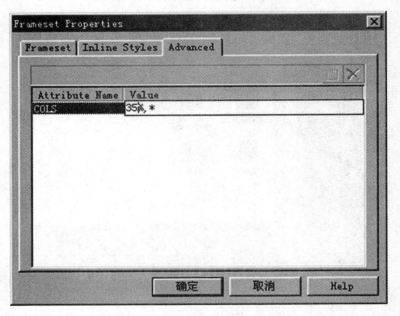

图 8-19 【Frameset Properties】对话框

（14）在【Frameset Properties】对话框中设置【Source URL】属性为 Page0.htm，如图 8-20所示。

第八章　高级控件的用法

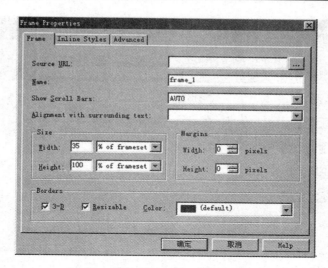

图 8-20　设置 Source URL 属性

（15）双击系统树中的 Page0.htm，打开 HTML 设计面板。

（16）选取"主页"，单击工具栏上的【HyperLink】工具按钮，在弹出的【Hyper-Link Properties】对话框中，设置【Destination】属性为 index.htm，设置 Target Window or Frame_2，单击【确定】按钮。

（17）按照类似的方法，将"编程技巧交换区"链接到 Page1.htm，将"下载中心"链接到 Page2.htm，将"常见问题"链接到 Page3.htm，将"PB 论坛"链接到 Page4.htm，将"友情链接"链接到 Page5.htm，【Target Window or Frame】属性为 Frame_2，保存 Page0.htm 文件，如图 8-21 所示。

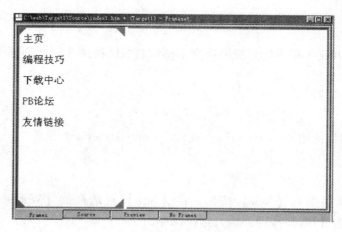

图 8-21　创建超级链接

（18）双击系统树中的 index1.htm，打开【Frameset】设计面板。

（19）激活【Source】标签，单击鼠标右键，在弹出菜单上选择【Browse with/Internet Explorer】菜单项，打开 IE 浏览器，效果如图 8-22 所示。

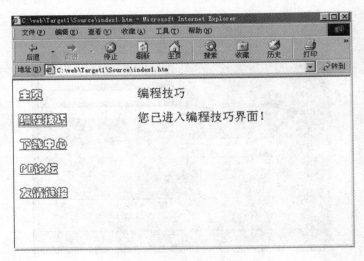

图 8-22 运行界面

8.5 使用超级链接控件

📁 实训目标

在本实例中我们来学习使用 PowerBuilder8.0 中的超级链接控件,链接 Internet 网络资源。

📁 实训内容

使用 PowerBuilder 中提供的超级链接文本框和超级链接图片框,创建 WEB 页面超链接,打开相应网站。

📁 相关知识

本实例中我们将使用 StaticHyperLink 控件、PictureHyperLink 控件。

📁 操作步骤

(1) 单击工具栏上的【New】按钮,在【New】对话框的【Workspace】标签下选择【Workspace】,单击【OK】按钮,输入路径保存。

(2) 单击工具栏上的【New】按钮,在【New】对话框的【Target】标签下选择【Application】,建立应用程序对象 a_link。

(3) 新建窗口对象 w_main,在窗口标题【Title】属性中输入"使用超级链接控件",从【Icon】属性的下拉列表中选择适当的图标,完成后单击【Save】按钮保存。

(4) 在窗口中添加一个 StaticHyperLink 控件,修改起 Text 值为"本地网站",设置其

URL 属性为 http://localhost。

（5）在窗口中添加一个 PictureHyperLink 控件，设置 PictureName 为 sina.bmp，设置其 URL 属性值为 http://www.sina.com。效果如图 8-23 所示。

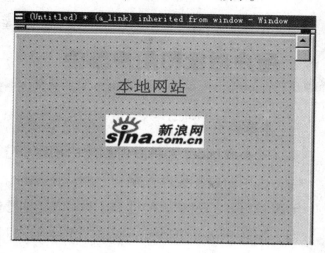

图 8-23　窗口对象

（6）在 PB 开发环境左边的 System Tree 窗口中，右击 a_link 对象，选择【Script】菜单项，在 a_link 对象的 Open 事件中输入如下代码：

open（w_main）

（7）运行应用程序，界面如图 8-24 所示。

图 8-24　运行界面

重点提示　该实例要运行在网络环境下，将鼠标指针移动到超级链接文本或图片超级链接图片框上时，鼠标指针变成手形，单击可打开相应网站。

第九章 用户对象和用户事件

本章要点

PowerBuilder 为开发者和用户预定义了大量的对象和控件，也为对象和控件预定义了常用的事件。但是，有时候利用这些标准的对象、控件及事件可能会感觉到不方便或不够用，那么 PowerBuilder 还提供了定义用户对象和用户事件的功能，可以有效地扩展 PowerBuilder 的功能。本章主要介绍用户对象和用户事件的创建和使用方法。

---本章主要内容---

◎ 创建可视用户对象
◎ 使用可视用户对象
◎ 定义用户事件

9.1 创建使用可视用户对象

实训目标
本实例主要介绍如何定制用户对象。

实训内容
创建一个标准可视用户对象，它从标准控件 DataWindow 继承而来。

相关知识
PowerBuilder 为用户提供了大量的对象和控件，也为对象和控件预定义了常用事件。但是有时候利用这些标准对象和控件可能会感觉到不够用或不方便，PowerBuilder 提供了定义用户对象和用户事件的功能，可以有效地扩展 PowerBuilder 的功能。

操作步骤
（1）新建一个工作区和目标文件。
（2）单击工具栏中的【New】按钮，可以打开【New】对话框。
（3）单击【PB Object】选项卡，如图 9-1 所示。

图 9-1 【New】对话框的【PB Object】选项卡

（4）在【PB Object】选项卡列表框中选择【Standard Visual】图标，然后单击【OK】按钮，打开【Select Standard Visual Type】对话框，如图 9-2 所示。

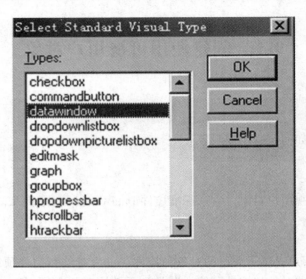

图 9-2 选择标准可视控件

重点提示 该对话框用于选择要从哪个 PowerBuilder 控件继承，这里选择【datawindow】选项，创建一个从 datawindow 继承来的标准可视用户对象。

(5) 单击【OK】按钮，打开 User Object（用户对象）面板。

(6) 在 User Object（用户对象）面板的 Properties 窗口中，调整这个数据窗口控件的大小，使之宽度为 2098，高度为 684，如图 9-3 所示。

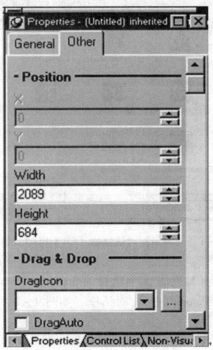

图 9-3 【Properties】窗口

技巧专授 用户可以通过【Properties】窗口 Other 选项卡中的 Width 和 Height 项调整或直接用鼠标拖动。

(7) 单击 PainterBar 上的【Save】按钮，将建立的用户对象保存为 u_dw，如图 9-4 所示。

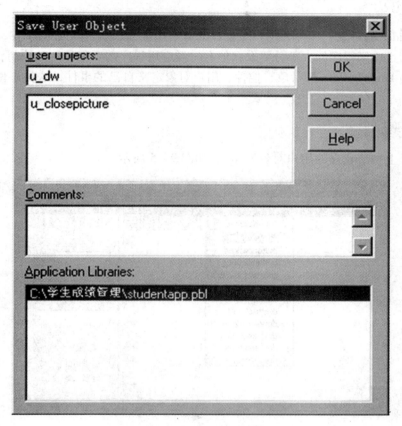

图 9-4 保存用户对象

重点提示 至此我们已经创建了一个从 datawindow 继承来的标准可视用户对象，但是还没有对这个对象做任何修改，现在该对象就相当于一个 DataWindow 控件。稍后我们为它增加几个用户事件和一些程序代码，否则建立用户对象就没有意义了。

9.2 定义用户事件

实训目标

本实例主要学习如何根据需要为对象或控件定义自己的事件来完成特殊控制要求。

实训内容

为上一节定义的用户对象 u_dw 定义用户事件。

相关知识

PowerBuilder 的对象、控件、用户对象等都有一组系统预先定义好的事件，这些系统预定义事件能满足应用程序的大部分要求，但有时候应用程序需要某种特殊控制，开发人员可以根据需要为 PowerBuilder 的对象、控件、用户对象定义自己的事件，这类事件就称为用户事件。

操作步骤

（1）打开上一节建立的用户对象 u_dw，如图 9-5 所示。

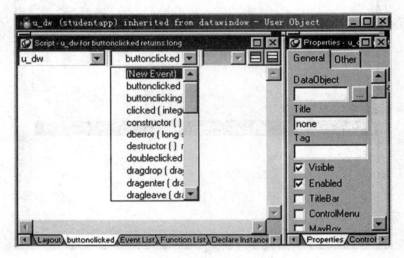

图 9-5 定义用户事件

（2）确认【Script】窗口的第一个下拉列表框的当前选择是 u_dw。

（3）从第二个下拉列表中选择【New Event】。

（4）显示【Prototype】（原型）窗口，在窗口中输入定义新用户事件的内容。

技巧专授 如果【Prototype】窗口较小，可以通过鼠标拖动，扩大【Prototype】窗口的区域。

（5）在 Event Name 编辑框中，输入事件的名称 uevent_dberr_message，如图 9-6 所示。

（6）为该事件定义参数，从 Argument Type（参数类型）下拉列表中选择参数的类型为 long，在 Argument Name（参数名称）编辑框中输入参数名为 al_errorcode。

（7）右键单击【Prototype】窗口，从弹出的快捷菜单中选择 Add Parameter（添加参数），从第二行的 Argument Type 下拉列表中选择参数的类型为 string，在 Argument Name 编辑框中输入参数名为 as_errortext。

（8）右键单击【Prototype】窗口，从弹出的快捷菜单中选择 Add Parameter，从第三行的

第九章 用户对象和用户事件

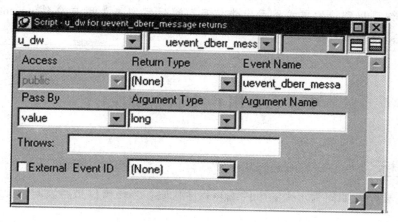

图 9-6 输入用户事件名称

Argument Type 下拉列表中选择参数的类型为 long，在 Argument Name 编辑框中输入参数名为 al_row。

（9）第三次右键单击【Prototype】窗口，从弹出的快捷菜单中选择 Add Parameter，添加最后一个参数。从第三行的 Argument Type 下拉列表中选择参数的类型为 dwbuffer，输入参数名为 adwb_buffer。如图 9-7 所示。

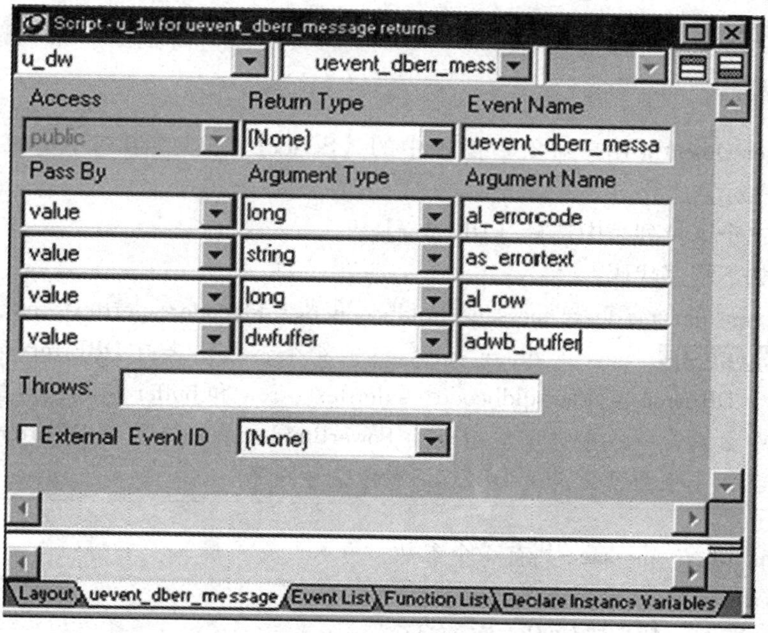

图 9-7 定义用户事件的参数

（10）单击 PainterBar 上的【Save】按钮存盘。

重点提示 至此我们已经定义了一个用于显示数据库出错信息的用户事件 uevent_dberr_message，如果开发人员没有为该事件编写程序，PowerBuilder 系统则以默认的方式显示出错信息。稍后我们来为用户事件 uevent_dberr_message 编写程序。

9.3 为用户事件添加程序

实训目标
本实例主要学习如何为定义的事件编写程序代码,当该事件被触发时,显示特定信息。

实训内容
为上一节定义的用户事件 uevent_dberr_message 编写程序。

相关知识
当 DataWindow 控件对数据库执行 Retrieve(检索)或 Update(更新)操作时,如果发生错误,就会触发 DBError 事件。如果开发人员没有为该事件编写程序,PowerBuilder 系统则以默认的方式显示出错信息,下面我们来为用户事件 uevent_dberr_message 编写程序代码,设计出错处理程序。

操作步骤
(1) 在 User Object(用户对象)面板中的【Script】窗口的第一个下拉列表框中选择 u_dw,打开用户对象。
(2) 从第二个下拉列表中选择【DBError】。
(3) 输入如下程序代码:
this.post event uevent_dberr_message(sqldbcode,& sqldbcode,sqlerrtext,row,buffer)

技巧专授 uevent_dberr_message 的 4 个参数均来自 DBError 事件,分别对应于 DBError 事件的 sqldbcode、sqlerrtext、row 和 buffer 参数;这些参数的值最初是数据窗口或数据库出错时由 PowerBuilder 系统传递给 DBError 事件的。所以我们先来为预定义的 DBError 事件编写程序。

(4) uevent_dberr_message 共有 4 个参数:
  al_errorcode:数据库错误代码
  as_errortext:数据库错误文字信息
  al_row:出错的行
  adwb_buffer:DataWindow 缓冲区
(5) 从第二个下拉列表中选择 uevent_dberr_message,然后输入如下程序代码:
  choose case al_errorcode
  case -193

```
        beep(1)
        MessageBox("关键字问题引起的数据库错误",&
                "问题:" + &
                "重复的关键字值." + &
                " ~n~r~n~r" + &
                "解决方法:" + &
                "请指定一个惟一的关键字值." + &
                " ~n~r~n~r" + &
                "细节:" + &
                String(al_errorcode) + " " + as_errortext, &
                exclamation!)
    CASE -194
        Beep(1)
        MessageBox("关联引起的数据库错误",&
                "问题:" + &
                "相关的列引用了另一个表的关键字值," + &
                "但是该关键字值所标识的行并不存在." + &
                " ~n~r~n~r" + &
                "解决方法:" + &
                "请检查和修改输入的相关列的值." + &
                " ~n~r~n~r" + &
                "细节:" + &
                String(al_errorcode) + " " + as_errortext, &
                exclamation!)
    CASE -195
        Beep(1)
        MessageBox("输入的列值不全引起的数据库错误",&
                "问题:" + &
                "有一列或多列没有给出所需要的值." + &
                " ~n~r~n~r" + &
                "解决方法:" + &
                "请为所有必要的列输入值." + &
                " ~n~r~n~r" + &
                "细节:" + &
                String(al_errorcode) + " " + as_errortext, &
                exclamation!)
                this.EVENT uevent_dberr_reqmissing(adwb_buffer, al_row)
    CASE -198
        Beep(1)
```

```
        MessgeBox("关联引起的数据库错误",&
                "问题:" + &
                "别的表引用了当前处理的行," + &
                "不可以删除当前行或改变当前行的关键字值." + &
                " ~n~r~n~r" + &
                "解决方法:" + &
                "如果合适的话,先删除或修改其他表中相关的行." + &
                " ~n~r~n~r" + &
                "细节:" + &
                String(al_errorcode) + " " + as_errortext,&
                exclamation!)
    CASE -209
        Beep(1)
        MessgeBox("非法列值引起的数据库错误",&
                "问题:" + &
                "输入的某些列值是不允许的." + &
                " ~n~r~n~r" + &
                "解决方法:" + &
                "请检查和修改有关的列值." + &
                " ~n~r~n~r" + &
                "细节:" + &
                String(al_errorcode) + " " + as_errortext,&
                exclamation!)
    CASE ELSE
        Beep(1)
        MessgeBox("数据库处理出错",&
                "当你的请求被处理时数据库出现错误." + &
                "具体错误是:" + &
                " ~n~r~n~r" + &
                String(al_errorcode) + " " + as_errortext + &
                " ~n~r~n~r" + &
                "请找有关技术人员解决.",&
                exclamation!)
END CHOOSE
```

重点提示 以上程序对数据库返回的错误代码 -193、-194、-195、-198 和 -209 分别做了单独处理,而对其他错误(CASE ELSE)则做了统一处理。对错误代码 -193、-194、-198 和 -209 分别给出了具体的出错提示并且给出了解决问题的建议方法。

9.4 创建可视用户对象实例

实训目标

通过本实例的学习，读者能根据需要，自己定制可视用户对象。

实训内容

创建一个标准可视用户对象，并设置该对象的属性和功能，并在窗口中使用该可视用户对象。

相关知识

本节主要介绍标准可视用户对象的属性如 PictureName、DisabledName 等。实例通过 PowerBuilder 的向导建立标准可视用户对象，用户不必重新添加全部的代码或事件，只要修改、扩展必要的属性、方法或事件就可以实现所需要的功能。

操作步骤

（1）新建一个工作区和目标文件。

（2）单击工具栏中的【New】按钮，可以打开【New】对话框，激活【PB Object】选项卡，如图 9-8 所示。

图 9-8 【New】对话框的【PB Object】选项卡

（3）在【PB Object】选项卡列表框中选择【Standard Visual】图标，然后单击【OK】按钮，打开【Select Standard Visual Type】对话框，如图 9-9 所示。

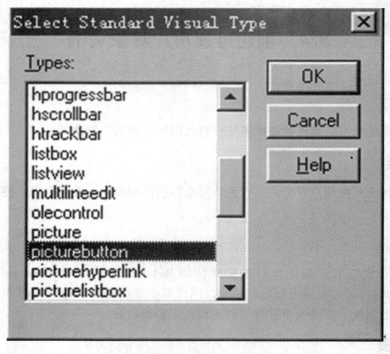

图 9–9 【Select Standard Visual Type】对话框

（4）该对话框用于选择要从哪个 PowerBuilder 控件继承，这里选择【picturebutton】选项，然后单击【OK】按钮，创建标准可视用户对象，并返回 PowerBuilder 开发环境，如图 9–10 所示。

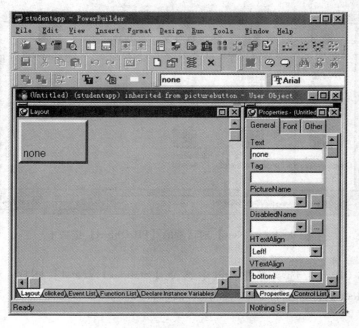

图 9–10 创建的标准可视用户对象

第九章 用户对象和用户事件

重点提示 至此我们已经创建了一个从 PictureBotton 继承来的标准可视用户对象，但是还没有对这个对象做任何修改，现在该对象就相当于一个 PictureBotton 控件。下面我们来设置该用户对象的属性，让它被单击是能关闭其所在的窗口。

（5）在【Properties】视图中将【PictureName】属性设置为 Close!，将【DisabledName】属性设置为 custom009!，将【PowerTipText】属性设置为"关闭窗口"，如图 9-11 所示。

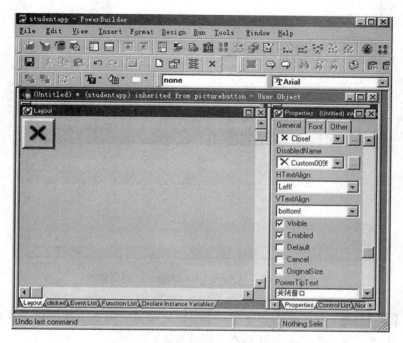

图 9-11 设置属性后的可视用户对象

（6）在【Layout】视图中双击该用户对象，打开对象的 Clicked! 事件。在该事件中添加如下代码，用以关闭对象所在的窗口：

```
if parent. typeof( ) = window! then
    当用户对象的父类是窗口时才执行
    close( parent ) ;
end if
```

（7）单击工具栏中的【Save】按钮，打开【Save User Object】对话框，如图 9-12 所示。

（8）【Save User Object】对话框用于保存用户对象，在【Save User Object:】编辑框中输入对象的名字 u_closepicture，在【Comment:】编辑框中输入关于该对象的注释"单击时关闭所在窗口"，然后单击【OK】按钮保存标准可视用户对象。

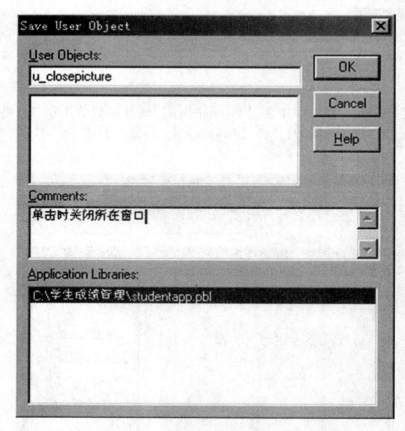

图 9-12 【Save User Object】对话框

重点提示 以上我们创建了一个标准可视用户对象，并设置了该对象的属性和功能，下面我们在窗口中使用该对象。

（9）新建一个窗口对象。

（10）在该窗口对象中添加刚刚定义的用户对象控件。打开工具栏上的控件列表按钮，如图 9-13 所示。

（11）单击控件列表按钮中的【Save User Object】按钮 ，打开【Select Object】对话框，当前库中所有已创建的用户对象出现在列表框内，如图 9-14 所示。

（12）在【Select Object】对话框中选择刚刚建立的用户对象 u_closepicture，然后单击【OK】按钮，返回窗口画笔，在窗口上要放置该用户控件的位置单击鼠标，会自动在该位置创建一个用户对象控件，如图 9-15 所示。

技巧专授 用户可以像操作一个普通控件一样操作该控件，可以在【Properties】视图中设置用户对象属性；在【Script】视图中添加事件代码；在【Variables】视图中定义变量。

图 9 – 13　控件列表按钮　　　　　图 9 – 14　【Select Object】对话框

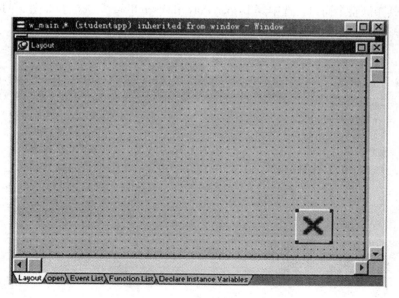

图 9 – 15　添加用户对象后的窗口

9.5 定义用户事件实例

实训目标

通过本实例的学习，读者能在应用程序需要特殊控制时，用户定义自己的事件来完成这些要求。

实训内容

创建一个帮助窗口，在其他窗口中定义一个用户事件，当该事件被触发时，打开帮助窗口。

相关知识

定义用户事件后，需要设计事件处理程序，没有事件处理程序，即使当发生该事件时，应用程序也不做任何处理。本节主要介绍多行文本编辑框控件的构造事件、文件操作函数如 fileopen、fileread、fileclose 等。

操作步骤

（1）新建一个工作区和目标文件。

（2）建立一个新窗口对象，作为帮助窗口。定义窗口的标题 Title 为"help"，类型 WindowType 为 Response，保存窗口名称为 w_help。

（3）在 w_help 窗口中添加一个多行文本编辑框 MultiLineEdit 控件，拖动多行文本编辑框控件的边框，将其布满整个窗口。选中其 DisplayOnly 和 VscrollBar 复选框。如图 9-16 所示。

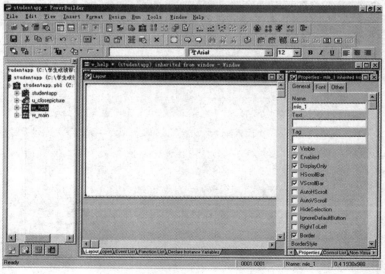

图 9-16 帮助窗口 w_help

(4) 在 w_help 窗口中的多行文本编辑框控件的构造事件 Constructor 中输入如下代码:
integer li_filenum
long ll_flen, ll_byte
string ls_file, ls_s
blob lb_file
setpointer(hourglass!)
ls_file = "help.txt"
li_filenum = fileopen(ls_file, streammode!, read!, lockread!)
ll_byte = fileread(li_filenum, lb_file)
fileclose(li_filenum)
ls_s = string(lb_file)
this.text = ls_s

重点提示 本实例帮助信息存放在文本文件中,我们采用文件操作函数打开文本文件 help.txt,读取文件数据后,显示在多文本编辑框内。

(5) 在另一个窗口中定义用户事件。打开窗口 w_main 单击菜单 Insert | Event,打开 Script 窗口,在 Script 窗口的 Event Name 栏中的输入"CheckF1";在 Event ID 下拉列表框中选择 pbm_keydown,如图 9-17 所示。然后在下面的脚本区输入以下代码:

```
if keydown(keyf1!) then
    open(w_help)
end if
```

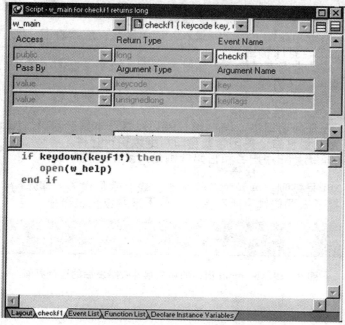

图 9-17 用户自定义事件

（6）保存所做的设置后，按【运行】按钮，启动 w_main 窗口，如图 9-18 所示。

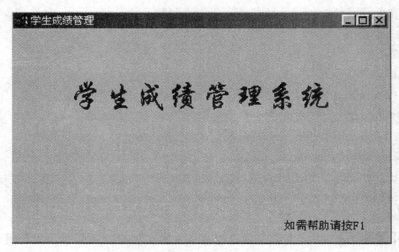

图 9-18　w_main 运行界面

（7）按 F1 键，弹出帮助窗口 w_help，内容为文本文件 help.txt 的内容，如图 9-19 所示。

重点提示　用户按 F1 键时，将触发我们在 w_main 窗口定义的"checkF1"事件，执行"checkF1"事件的处理程序，打开帮助窗口 w_help。

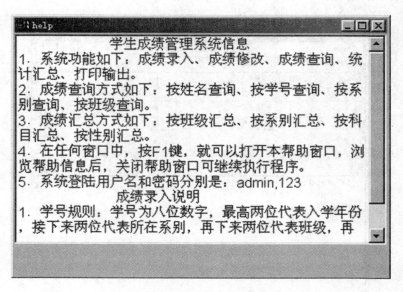

图 9-19　w_main 窗口的用户事件被触发后的运行界面

第十章 数据管道

本章要点

PowerBuilder 提供了数据管道技术来实现数据库表之间的数据转移，它可以将一个源表中的数据拷贝到一个目标表中（如果目标表不存在则建立一个新表），源表和目标表可以同属一个数据库，也可以属于不同的数据库。本章主要介绍数据管道的建立及数据管道技术在应用程序中的用途。

本章主要内容

◎ 数据管道的建立

◎ 数据管道属性设置

◎ 在应用程序中操作数据管道

10.1 创建和使用数据管道

实训目标

本实例演示了如何创建和使用数据管道，通过数据管道（Data Pipeline），使应用程序能够在不同的数据库表之间移动数据。

实训内容

新建一个数据管道对象，通过数据管道，可以把 EAS demo DB V4 IM 数据库中 customer 表的信息导入到 sale 数据库的 customer 表中。

相关知识

通过数据管道（Data Pipeline），应用程序能够在不同的数据库表之间移动数据，可以把一个或多个源表中的数据复制到新表或已存在的目的表中。复制的方式根据应用程序的需要而定，可以删除目的表及其数据后重建目的表，也可以只把最新数据传送到目的表中。而且，上述的数据迁移可以在同一个数据库不同表之间进行，也可以在同一个数据库管理系统的不同数据库之间进行，还可以在不同数据库管理系统的不同数据库之间进行。除了迁移常规数据（比如数值型、字符型等）外，数据管道还可以在数据库之间迁移图像、声音之类的二进制对象（Blob 型数据）。

PowerBuilder 的数据管道有两种使用方式：

一是在数据管道画笔中定义了数据管道后，直接运行数据管道。例如，可以把服务器中的数据下载到本地计算机中。

二是在应用程序中通过编写代码使用数据管道，这种方式提供了灵活运用数据管道的手段。

本实例运用第一种方式，直观地创建数据管道，并利用它导入数据。

操作步骤

（1）单击工具栏中的【New】按钮，选择【DataBase】标签中的"Data Pipeline"，如图 10-1 所示。

（2）单击【OK】按钮，程序弹出【New Data Pipeline】对话框。

（3）Data Source（数据源）的设置：如果只是从单个表中检索数据导入另一表中，需要选择 Quick Select。如果导出的数据需要从多个表中联合生成，需要选择 SQL Select。此处选择 Quick Select。

（4）选中 Source Connection（源数据库）框中的 EAS Demo DB V4 IM，选中 Destination Connection（目标数据库）中的 sale，单击【OK】按钮，如图 10-2 所示。

第十章 数据管道

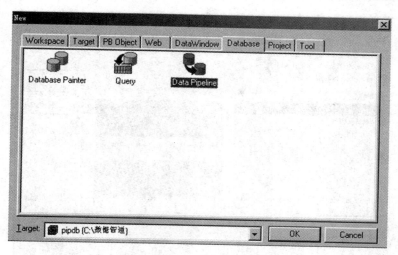

图 10-1 【New】对话框

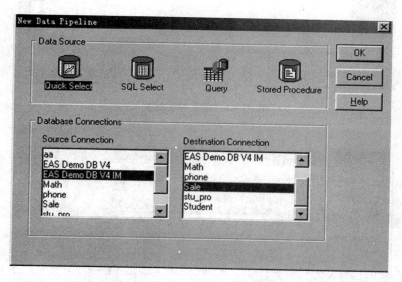

图 10-2 【New Data Pipeline】对话框

（5）选择源数据库的 customer 表，选择需要导入的列，这里选择 id、fname、lname、address、zip、phone、company_name，单击【OK】按钮。接着，可以对导出数据的具体操作进行定义，如图 10-3 所示。

（6）数据管道画笔的源表（Source Table）部分，显示数据管道要从中提取数据的表的有关信息，包括源表各列的列名、源表列的数据类型，括号中是列的宽度。源表中的各列不能在数据管道画笔工作区中修改，它们以灰色颜色显示。如图 10-4 所示。

重点提示 数据管道画笔的目的表（Destination Table）部分，定义数据管道要把数据传输到什么地方。在这里可以定义目的表的列名、数据类型、主键等信息，包括在【Destination Name】栏指定目的表列的列名；在【Type】栏选

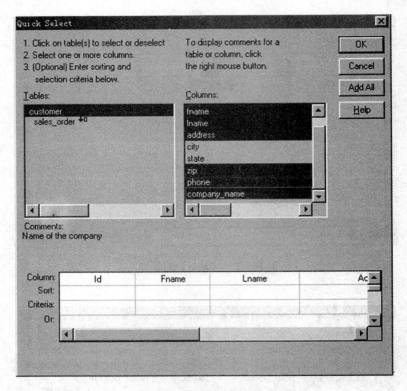

图 10-3 定义导出数据

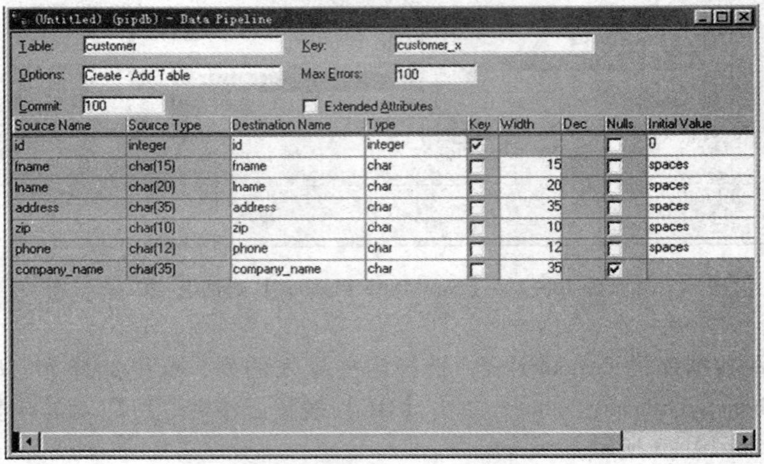

图 10-4 定义数据管道

择列的数据类型；要某个列成为主键和一部分时，选中【Key】栏该列上相应的复选框，在【Width】栏指定列的宽度（有些数据类型无须指定宽度，比如 Date 类型）；在【Dec】栏指定数据精度（对 Dec 类型的列可以指定该项）；在【Nulls】栏指定相应列是否允许空值（NULL），允许时选中相应的复选框；

在【Initial Value】栏指定相应列的初始值；在【Default Value】栏指定列的缺省值，例如 AutoIncrement（自动增量）、Current Date（运行时日期）、Current Time（运行时间）、CurrentTimestamp（当前时间戳）、Null（空值）、User（用户）。

（7）上述各种信息可按需要修改，单击【Type】栏时，系统显示目的数据库支持的所有数据类型（不同的数据库管理系统支持的数据类型往往不同）。如果某列可以为空值时，就不能再设置该列的初始值了。

（8）选择管道操作：在数据管道画笔工作区上部指定数据管道选项，这些选项决定了将以何种方式运行管道。选项包括：在【Table】编辑框中修改目的表的名称，此处输入 customer；在【Options】下拉列表框中选择管道操作方式；在【Max Errors】编辑框中定义允许出现的最多错误个数；在【Commit】编辑框中定义将多少条记录作为一个事务提交；选中【Extended Attributes】复选框后，在复制数据的同时也复制表的扩展属性（这些属性保存在 PowerBuilder 资源库中）。在【Key】编辑框中修改目的表主键的名称；可以随时修改目的表的名称，而主键名只能在从【Options】下拉列表框中选择了"Create – Add Table"或"Replace – Drop/Add Table"情况下修改。

技巧传授 根据【Options】下拉列表框中选项的不同，上述选项有些能够修改，有些不允许修改。【Options】下拉列表框列出了五种管道操作方式。

（9）选择【Create – Add Table】时，数据管道将在目的数据库中创建指定的目的表。如果目的数据库中已经存在了同名的表，数据管道运行时 PowerBuilder 将显示一个对话框，提醒用户同名表已经存在。此时，必须修改目的表的表名或改换成其他类型的管道操作，如果目的数据库中不存在同名的表，数据管道运行时，就会创建一个新列表并把数据装入该表中。

（10）选择【Replace – Drop/Add Table】时，数据管道将在目的数据库中创建指定的目的表。与"Create – Add Table"方式的不同点在于，当目的数据库中已经存在同名表时，"Replace – Drop/Add Table"方式将首先删除该表，然后重新创建。这两种数据管道操作方式在传送数据前都将修改表结构。下面介绍的三种方式则只改变表中数据。

（11）选择【Refresh – Delete/Insert Rows】时，数据管道将删除目的数据库中指定目的表中的所有数据，然后再插入从源表选择的数据。这种方式要求目的表已经存在，目的表不存在时，数据管道操作将失败。

（12）选择【Append – Insert Rows】时，目的表中原有数据被保留，然后再插入从源表选择的数据。

（13）选择【Update – Update/Insert Rows】时，数据管道对源表中键值与目的表中键值匹配的行生成 SQL UPDATE 语句，由该语句修改目的表中相应行；对源表中键值与目的表中键值不匹配的行生成 SQL INSERT 语句，由该语句将相应行插入到目的表中。选择【Update – Update/Insert Rows】操作方式后，目的表的列名、数据类型等选项就不能改变了。唯一可以修改的是"Key"栏，"Key"栏中必须指定主键列，这些列必须唯一标识目的表中的每一行。

（14）此处选择 Append – Insert Rows 管道操作方式，如图 10 – 5 所示。

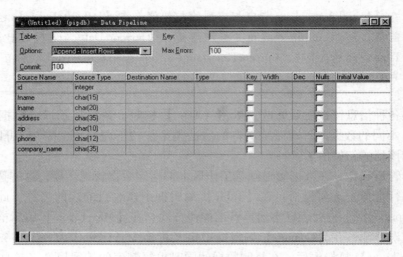

图 10-5 定义数据管道操作方式

（15）至此数据管道创建完成，单击【Save】按钮，保存数据管道，如图 10-6 所示。

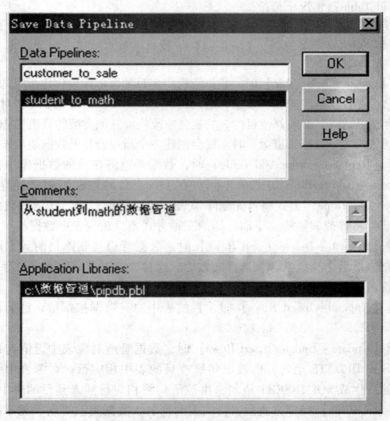

图 10-6 保存数据管道

10.2 数据管道实例

实训目标

通过本实例的学习，读者能熟悉数据管道画板，学会如何使用 Data Pipeline 画板建立相应的数据管道，并定义该对象的一些属性。

实训内容

启动数据管道画板，新建一个数据管道对象，定义该对象的属性。

相关知识

在 PowerBuilder 开发环境中利用数据管道画板实现数据转移，我们可以根据不同的需要，像定义窗口、数据窗口对象一样来创建数据管道。本节主要介绍 Data Pipeline 属性设定。

操作步骤

(1) 建立 student、math 数据库。并在 student 数据库中添加 student 表，输入数据。

(2) 单击 PowerBar 上的【New】按钮，打开【New】对话框，选择【Database】选项卡。如图 10-7 所示。

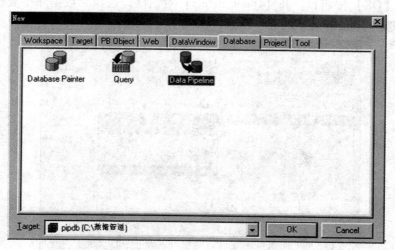

图 10-7　【New】对话框

(3) 在【Database】选项卡中选择【Data Pipeline】图标，单击【OK】按钮，打开【New Data Pipeline】对话框，如图 10-8 所示。

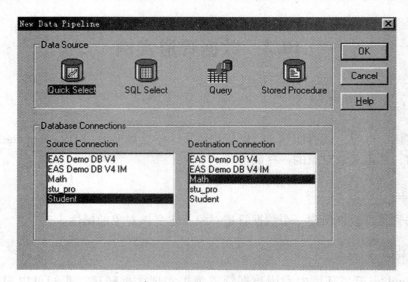

图 10-8 【New Data Pipeline】对话框

(4) 在【New Data Pipeline】对话框中设置数据源的方式，并指定源数据库和目标数据库。在此我们选择 Quick Select 为数据源，源数据库为 student，目标数据库为 math。

技巧传授 一般是表对表的数据转移，所以本例中我们选择 Quick Select 为数据源。

(5) 单击【OK】按钮，打开【Quick Select】对话框，选择源数据库中要转移的表和字段，在此我们选择 student 表中的 id、name、math 三个字段。如图 10-9 所示。

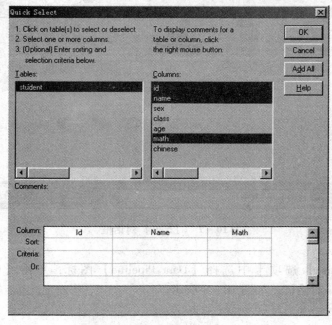

图 10-9 【Quick select】对话框

(6)单击【OK】按钮,打开【Data Pipeline】属性设置窗口,在【Table】框中输入目标表名称,在【Option】下拉列表中选择【Create – Add Table】(建立新表),其他属性采用默认值,如图 10 – 10 所示。

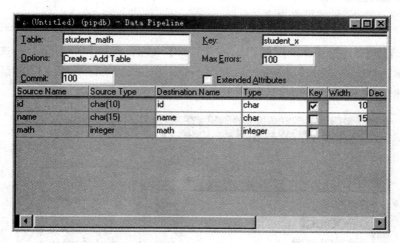

图 10 – 10　【Data Pipeline】属性设置窗口

(7)单击工具栏上的【Save】按钮,输入数据管道名称 student_ to_ math,保存该数据管道对象。至此,我们完成了一个数据管道的定义。

技巧专授　现在单击工具栏上的【Execute】按钮就可以执行数据管道操作,完成从数据库 student 到 math 的数据传送,传送成功后,你会发现 math 数据库中新增了一个数据库表 student_ math。

10.3　数据管道程序设计

实训目标

通过本实例的学习,读者学习如何在应用程序中使用数据管道技术,实现数据转移。

实训内容

编制应用程序,利用上一节建立的数据管道对象,在数据库表之间转移数据。

相关知识

本例中我们将 student 数据库中的 student 表中的数据转移到 math 数据库中,存放在新建的 student_ math 表中。主要介绍数据管道的 start、rowsread、rowswritten、rowsinerror 等函数。

操作步骤

重点提示 在利用数据管道编程之前,还要建立相关的用户对象,下面我们建立一个标准类用户对象。

(1)单击工具栏上的【New】按钮,在【New】对话框的【PB Object】选项卡中选择【Standard Class】,单击【OK】按钮,打开【Select Standard Class Type】对话框,然后在【Types】列表框内选择【pipeline】,如图 10 – 11 所示。

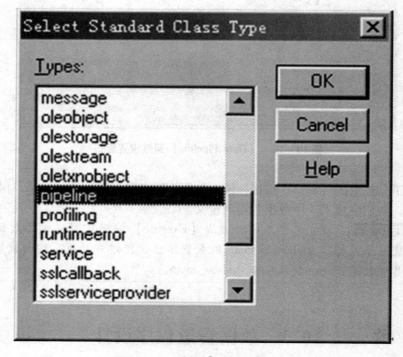

图 10 – 11 选择【pipeline】类型

(2)单击【OK】按钮,打开【User Object】画板,将建立的标准类用户对象保存为 u_pipeline。

(3)建立应用程序的窗口对象 w_pipe,窗口包括三个命令按钮。如图 10 – 12 所示。窗口中的各控件名称、用途见表 10 – 1。

表 10 – 1 应用程序窗口中的控件说明

控件类别	控件名称	中文显示	用途
命令按钮	cb_ok	开始	执行数据管道操作
	cb_cancel	取消	停止数据管道操作
	cb_return	退出	关闭窗口,退出程序
数据窗口	dw_1		显示出错信息

第十章 数据管道

(续表)

控件类别	控件名称	中文显示	用途
静态文本框	st_1	已读行数	
	st_2	已写行数	
	st_3	出错行数	
	st_read		显示已读记录数
	st_written		显示已写记录数
	st_error		显示出错记录数

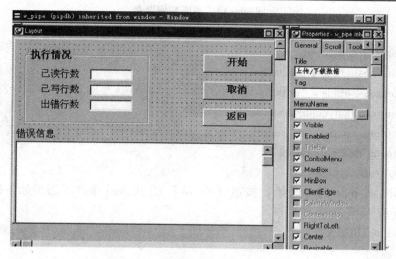

图 10-13 数据管道应用程序窗口界面

(4) 接下来在窗口对象中声明实例变量,如图 10-13 所示。

u_pipeline u_pipe

transaction sourcetrans , destinationtrans,

重点提示 其中 u_pipeline 是前面建立的标准类用户对象数据类型,事务对象变量 sourcetrans 和 destinationtrans 分别用于连接源数据库和目标数据库。

(5) 接下来在窗口 w_pipe 的 open 事件下添加如下代码:

//连接到源数据库
sourcetrans = create transaction
sourcetrans. dbms = "odbc"
sourcetrans. autocommit = false
sourcetrans. dbparm = "connectstring = 'dsn = student;uid = dba;pwd = sql'"
connect using sourcetrans;

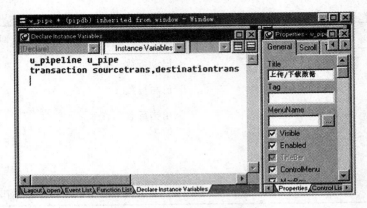

图 10－13　声明实例变量

```
//连接到目标数据库
destinationtrans = create transaction
destinationtrans. dbms = "odbc"
destinationtrans. autocommit = false
destinationtrans. dbparm = "connectstring = 'dsn = math;uid = dba;pwd = sql'"
connect using destinationtrans;
u_pipe = create u_pipeline
```

(6) 在窗口 w_pipe 的【开始】按钮（cb_ok）的 clicked 事件下添加如下代码：

```
int li_result
cb_cancel. enabled = true
dw_1. reset( )
u_pipe. dataobject = "student_to_math"
li_result = u_pipe. start(sourcetrans,destinationtrans,w_pipe. dw_1)
messagebox("hello",li_result)
choose case li_result
    case -3
        messagebox("错误信息","目标数据库中的表已存在!")
    case -4
        messagebox("错误信息","源数据库中的表不存在!")
end choose
st_read. text = string(u_pipe. rowsread)
st_written. text = string(u_pipe. rowswritten)
st_error. text = string(u_pipe. rowsinerror)
```

重点提示　在点击【开始】按钮启动数据管道程序之前，【取消】按钮是不可用的，在点击【开始】按钮后，由程序代码将【取消】按钮的【enabled】属性设置为 false，这时用户可以通过点击【取消】按钮来中断数据转移。

(7) 在窗口 w_pipe 的【取消】按钮（cb_cancel）的 clicked 事件下添加如下代码：
this.enabled = false
if u_pipe.cancel( ) = 1 then
  messagebox("注意","管道操作停止!")
else
  messagebox("注意","管道操作失败!",exclamation!)
end if

(8) 在窗口 w_pipe 的【退出】按钮（cb_return）的 clicked 事件下添加如下代码：
  close(parent)

(9) 最后，在窗口 w_pipe 的 close 事件下添加如下代码：
disconnect using sourcetrans;
disconnect using destinationtrans;
destroy sourcetrans
destroy destinationtrans
destroy u_pipe

(10) 单击【运行】按钮启动应用程序，进入窗口界面，单击【开始】按钮启动数据库管道传输数据，如图 10-14 所示。

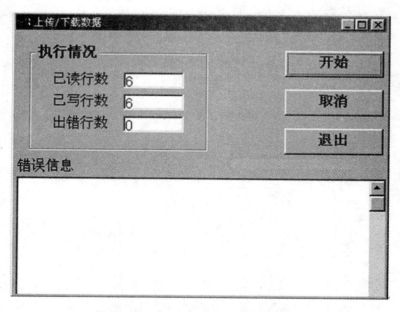

图 10-14　数据管道应用程序运行界面

第十一章 应用程序编译与发布

本章要点

应用程序经过设计、开发、调试和试运行，如果达到预期目的就可以交给用户使用了。当然，交给用户的不能是源代码，而应该是编译好的可执行程序，这样用户就能像运行其他软件那样运行开发人员的应用程序。本章我们来介绍如何对应用程序进行编译以及如何发布应用程序。

本章主要内容

◎ Project 对象的建立
◎ 可执行程序的建立
◎ 可执行程序的发布

11.1 应用程序的编译

实训目标

通过本实例的学习,读者能如何通过 Project 画板编译应用程序,生成可执行文件。

实训内容

启动 Project 画板,设定相应的参数和属性,建立 Project 对象,生成可执行文件。

相关知识

利用 Project 画板来建立 Project 对象,生成可执行文件,需要读者清楚 Project 画板需要指定的参数和属性。本节主要介绍 Project 画板对象的参数和属性。

操作步骤

(1) 启动 PowerBuilder,打开应用程序的所在的工作目录。这里我们打开第八章创建的 treeview 工作目录(c:\treeview)。

(2) 单击 PowerBar 上的【New】按钮,打开【New】对话框,选择【Porject】选项卡。如图 11-1 所示。

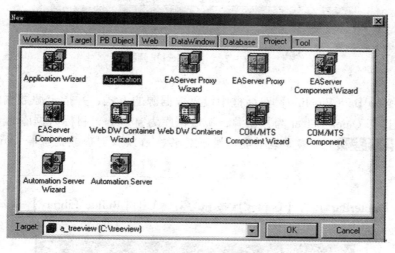

图 11-1 【New】对话框

(3) 在【Project】选项卡中选择【Application】图标,单击【OK】按钮,打开【Project】画板,在【Project】画板中输入相应属性、参数,如图 11-2 所示。

重点提示 在这里一般我们需要设定的选项有:

【Executable File Name】:指定生成的应用程序的文件名;

【Prompt For Overwrite】:指出当生成的目标文件名存在时,是否给出提示

(覆盖)。

【Rebuild】：这里有两个选择，Full 说明每次编译时所有对象都重新编译；Incremental 说明每次编译时只编译那些组先对象修改过的对象。

【Machine Code】：如果选择该项，则生成机器代码；否则生成 Pcode 代码（伪代码）。机器代码执行速度快，但编译所需时间长；Pcode 代码执行速度慢，但编译时间短。

【Version】：指定版本信息，在此可以指定开发应用程序的公司名、产品名、描述信息、版权说明和版本号。

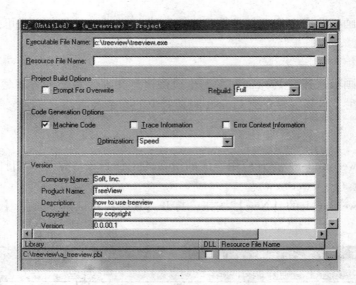

图 11-2　【Project】画板

（4）在【New Data Pipeline】对话框中设置数据源的方式，并指定源数据库和目标数据库。在此我们选择 Quick Select 为数据源，源数据库为 student，目标数据库为 math。

技巧专授　一般是表对表的数据转移，所以本例中我们选择 Quick Select 为数据源。

（5）单击 PainterBar 上的【Deploy】按钮，弹出【Builde Library】窗口，编译开始。如图 11-3 所示。

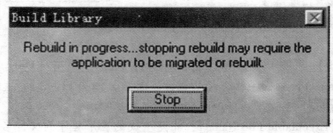

图 11-3　正在建立可执行程序

> **技巧专授** 此时如果单击【Stop】按钮，可以终止可执行程序的建立。

(6) 可执行程序建立完成后，图 11-3 所示窗口自动关闭，此时应用程序的可执行程序就已经建立了。

> **重点提示** 如果要建立运行于不同操作系统平台的可执行程序文件，则必须在各自的平台上生成可执行程序文件，因为不同平台的机器指令系统是不一样的。例如在 Windows 平台下开发的 PowerBuilder 应用程序，如果要在 Unix 平台上运行，就必须把 Windows 平台下的库文件（pbl）拷贝到 Unix 平台上，然后用 Unix 平台上的 PowerBuilder 编译，生成可执行程序文件。

(7) 单击 PainterBar 上的【Save】按钮，保存刚刚建立的 Project 对象。

11.2 应用程序的发布

📁 实训目标

在 PowerBuilder 中编译生成的 EXE 文件不是一个完全独立的程序，本节将向读者介绍如何发布应用程序。

📁 实训内容

测试应用程序运行所需的动态链接库，发布应用程序。

📁 相关知识

发布应用程序之前需要确定哪些动态链接库，不同的应用程序需要不同的动态链接库，这里我们用测试的方法确定所需的动态链接库。

📁 操作步骤

(1) 为编译生成的 EXE 文件建立一个独立的目录，并将应用程序拷贝或移动到该目录下。

> **技巧专授** 为了测试的准确，这里最好在另一台没有安装过 PowerBuilder 的计算机上进行。

(2) 在该独立目录下执行应用程序，这时应用程序会提示找不到哪个动态链接库而不能运行。

(3) 在 PowerBuilder 的安装目录下找到 …\Shared\PowerBuilder 目录（本例是 C:\Program Files\Sybase\Shared\PowerBuilder），将应用程序提示所需的动态链接库复制到独立目录下。

(4) 重复 (2)、(3) 步骤，直到将所有需要的动态链接库包含进来。

> **重点提示** 所有应用程序都必须包括动态链接库 PBVM80.DLL 和 LIBJCC.DLL；如果有数据窗口应用，则必须包括动态链接库 PBDWE80.DLL；如

果有 Rich Text 应用，则必须包括动态链接库 PBRTC80.CLL 等。

（5）以上工作完成后，应用程序就可以独立运行了。如果需要制作安装盘，可以使用其他软件商提供的安装盘制作工具来实现，如 InstallShield 等。

11.3 可执行文件生成实例

实训目标

本实例演示在 PowerBuilder8.0 中可执行文件的生成方法，生成的可执行文件可以脱离 PowerBuilder 开发环境独立运行，成为真正的应用程序。

实训内容

本实例首先建立一个单文档（SDI）应用程序，然后利用 Application Wizard 创建应用程序。

相关知识

本节中我们用到第一章提到的单文档应用程序以及一些文件操作函数。

操作步骤

（1）单击工具栏上的【New】按钮，在【New】对话框的【Workspace】标签下选择【Workspace】，单击【OK】按钮，输入路径保存。

（2）单击工具栏上的【New】按钮，在【New】对话框的【Target】标签下选择【Application】，单击【OK】按钮，建立 APP 应用。

（3）单击菜单【File】下的【New】菜单项，在弹出的对话框中选取【PB Object】标签下的【Menu】，如图 11-4 所示。

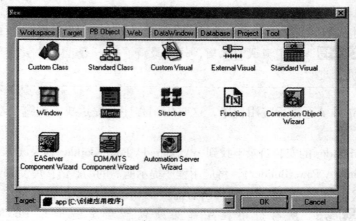

图 11-4 【New】窗口

(4) 单击【OK】按钮，建立菜单对象，如图 11-5 所示。

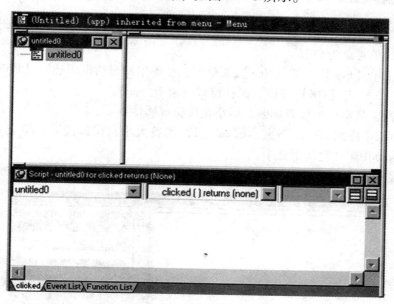

图 11-5　菜单定义窗口

(5) 单击 PB 主菜单【Insert】菜单项下面的【Submenu Item】菜单项，在窗口菜单工作区显示出一个空白的文本框，在其中输入菜单项的名称"&File"，其中"&"后的第一个字母为运行时显示为带下划线的字母，即为该菜单项的快捷键。同样输入"&Open"、"&Save"、"&Save as"、"& -"、"&Quit"。

(6) 接下来设置第二个菜单项，单击 PB 主菜单【Insert】菜单项下面的【Submenu Item】菜单项，在其中输入菜单项的名称"&Edit"，依次设置其子菜单项为"&Copy"、"&Cult"、"&Paste"，效果如图 11-6 所示。

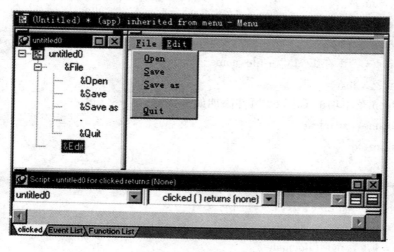

图 11-6　定义菜单项

技巧专授 定义菜单项时，如果要划分不同的功能区，可以使用 – 来定义分隔条。

（7）保存菜单对象为 m_1。

（8）单击菜单【File】下的【New】菜单项，在弹出的对话框中选取【PB Object】标签下的【Window】，单击【OK】按钮，保存窗口对象 w_main。

（9）在属性工具窗口中设置标题、最小化按钮等属性。

（10）向窗口中添加一个多行文本框 mle_1，调整大小与窗口接近，将文本框属性中的 VscrollBar、HscrollBar 在复选框选中。

（11）设置 w_main 的【Menu Name】属性为 m_1。设置效果如图 11-7 所示。

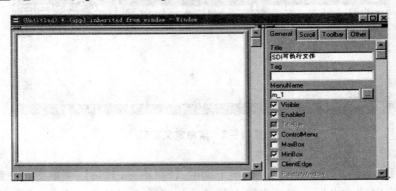

图 11-7 定义主窗口

（12）为应用对象的 Global Variables 添加如下代码：

  string file_name = "未命名"

（13）为应用对象的 Open 事件添加如下代码：

  open（w_main）

（14）为 New 菜单项的 Clicked 事件添加如下代码：

  file_name = "未命名"
  w_main.title = "正在编辑_" + file_name
  w_main.mle_1.text = " "

（15）为 Open 菜单项的 Clicked 事件添加如下代码：

  string docname,named
  integer val,re,fd
  long flength
  val = GetFileOpenName("打开文件",docname,named,"txt", &
  "文本文件(*.txt), *.txt," + "所有文件")
  if val = 1 then
    flength = FileLength(docname)
    fd = FileOpen(docname,StreamMode!)

第十一章　应用程序编译与发布

```
    if flength < 32767 then
      rc = FileRead(fd,w_main.mle_1.txt)
      FileClose(fd)
      File_name = docname
w_main.title = "正在编辑_" + file_name
    end if
end if
```

（16）为 Save 菜单项的 Clicked 事件添加如下代码：

```
integer fd
fd = fileopen(file_name,streammode!,write!,lockwrite!,replace!)
filewrite(fd,w_main.mle_1.txt)
fileclose(fd)
```

（17）为 Copy 菜单项的 Clicked 事件添加如下代码：

w_main.mle_1.copy()

（18）为 Cut 菜单项的 Clicked 事件添加如下代码：

w_main.mle_1.cut()

（19）为 Paste 菜单项的 Clicked 事件添加如下代码：

w_main.mle_1.paste()

（20）单击 PowerBar 上的【New】按钮，打开【New】对话框，选择【Porject】选项卡。选择"Application Wizard"，如图 11-8 所示。

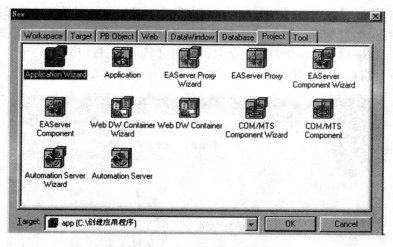

图 11-8　Application Wizard

（21）单击【OK】按钮，打开【About Application Project Wizard】对话框。

（22）单击【Next】，弹出【Specify Destination Library】对话框，要求指定项目存放的库文件，这里不做修改。

（23）单击【Next】，弹出【Specify Object】对话框，要求指定项目文件名称，这里不做修改，采用默认值。

(24) 单击【Next】,弹出【Specify Executable and Resource Files】对话框,要求指定可执行文件名称与资源文件名称,这里不做修改,采用默认值。

(25) 单击【Next】,弹出【Specify Build Options】对话框,要求指定重构模式,选择 Incremental Build(每次重构可执行文件时,只重构改变的部分)。如图 11-9 所示。

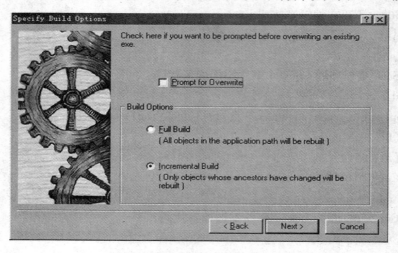

图 11-9　【Specify Build Options】对话框

(26) 单击【Next】,弹出【Create Machine Code】对话框,要求选择是否生成机器码,接受默认设置。指定重构模式,选择 Incremental Build。

(27) 单击【Next】,弹出【Specify Dynamic Library Opeion】对话框,要求指定是否生成动态链接库文件。如果选择,则生成 DLL 文件而不是 EXE 文件,所以这里不做改变。

(28) 单击【Next】,列出所有完成信息,单击【Finish】按钮。

(29) 除项目窗口外,关闭所有窗口,如图 11-10 所示。

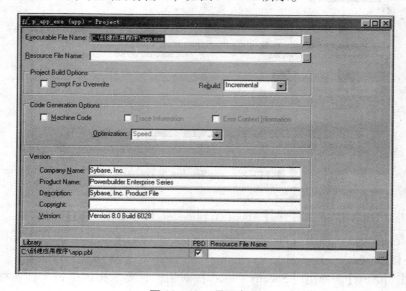

图 11-10　项目窗口

(30) 单击菜单【Design】下的【Deploy Project】菜单项,开始编译,完成 EXE 文件的创建。

(31) 运行文件,界面如图 11-11 所示。

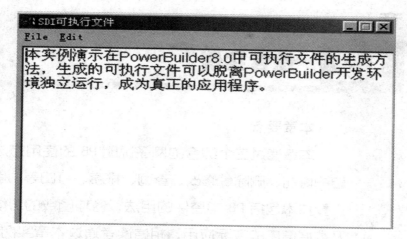

图 11-11   运行界面

第十二章 综合实例

本章要点

本章通过三个综合的例子说明 PB 的使用方法，数据窗口的增加、删除、修改、查询、排序、打印等功能，涉及的主要技术包括 PB 中控件的用法，各种函数的功能用法，以及数据窗口的实际应用，相信读者通过本章实例对 PB 会有更深刻的认识。

——— 本章主要内容 ———

◎ 房屋销售管理系统
◎ 航空售票管理系统
◎ 图书管理系统

12.1 房屋销售管理系统

实训目标

在这套管理系统中,可以简捷而准确的实现对房屋资源的登记、查询、购买;对于房地产开发商,也可以准确的查询房屋的销售数据情况。

实训内容

包括以下几个方面,房源登记、员工信息、销售记录、购买房屋、房屋信息维护等。

相关知识

数据库设计、各模块信息等。

实现步骤

1. 创建 workspace(工作区)

(1)选择菜单的【New】命令,出现【New】对话框。

(2)在【workspace】属性页选中"workspace"图标,单击【OK】按钮。弹出如图 12-1 界面:

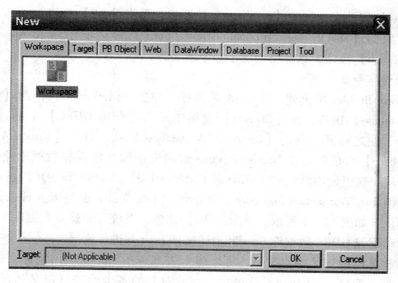

图 12-1 【New】对话框

(3)在弹出的【New workspace】对话框中选择路径,输入文件名 tx. pbw,单击"保存"按钮,这样就创建了一个工作区 tx. pbw。

2. 创建应用对象（Application）

（1）选择【file】菜单中的【New】命令，出现【New】对话框。如图 12 - 2 所示：

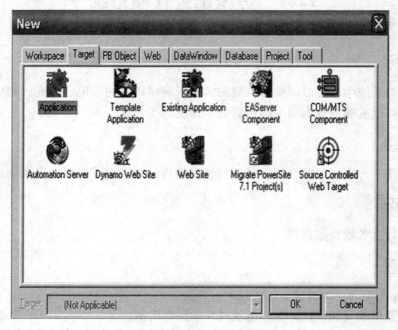

图 12 - 2 【New】对话框

（2）【target】属性页，选中【Application】图标，单击【OK】按钮。

（3）在弹出的【specify new Application and library】对话框中输入 Application name："tx"，单击【finish】按钮。这样就创建了一个名字为 "tx" 的应用。

3. 创建数据库和表

（1）在 PowerBuilder 中创建一个 ASA 数据库：单击 Powerbar 工具栏的【Database】按钮，打开【Database】窗口，在【Objects】窗格中单击【ODB ODBC】下的【Utilities】左边的 "+" 号，使之展开。双击【Create ASA Database】项，打开【Create Adaptive Server Anywhere Database】对话框。在 Database Name 编辑框中输入或选择数据库路径和文件名，设置相应的选项。这里使用默认的 USEID 和 PASSWORD，即 DBA 和 SQL，还可以设置其他口令，最好取消 Use Transaction Log 选项，即不使用 Log 文件，避免带上日志文件之后，到其他机子上不认。如图 12 - 3 所示。单击【OK】按钮，系统开始建立数据库 TX。数据库建立成功后，自动配置 ODBC 数据源 fwxs 和描述文件 fwxs 并进行连接。

（2）在数据库已经连接的情况下，可以建立表 fy。在 Tables 项用鼠标右击，在弹出的快捷菜单中选 New Table，打开列设计窗口。在此对表的各个列进行定义列名、数据类型、宽度、小数位数、是否允许为空等信息。表建立之后，建立主键。最后，为每一行设置标题属性。

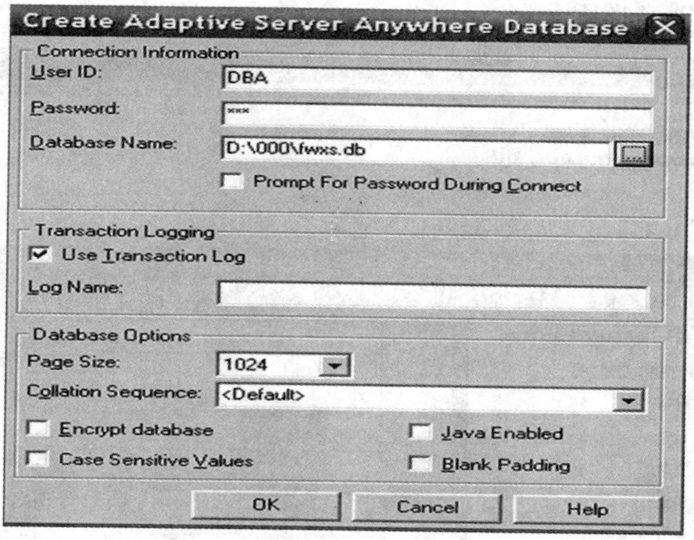

第十二章 综合实例

图 12-3 【Create Adaptive Server Anywhere Database】对话框

4. 数据窗口对象设计

单击 Powerbar 工具栏上的【New】按钮，在【New】对话框中单击【Datewindow】标签，选择 freedom（自由表）图标，然后单击 OK 按钮。在弹出的 Choose Data Source 对话框中选择【Quick Select】，单击【Next】按钮，打开【Quick Select】对话框中选择表 fy，选择所有列，命名为 dw_whfy。用类似的方法建立一个 Grid（网格）图标，然后单击 OK 按钮。在弹出的【Choose Data Source】对话框中选择【Quick Select】，单击【Next】按钮，打开【Quick Select】对话框中选择表 ren，选择所有列，命名为 dw_ren。

5. 创建窗口

创建一个窗口"w_main"将其"title"属性设置为"房屋销售管理"，背景颜色 BackColor 设置为"silver"。在窗口上放置两个数据窗口控件 dw_1、dw_2，它们的"DataObject"属性为 dw_whfy、dw_ren，其他控件如表 12-1 所示。

表 12-1 控件列表

控件	名称	属性	属性值
CommandBotton	Cb_1	text	查找
	Cb_2	text	购买
	Cb_3	text	打印
SingleLineEdit	Cb_4	text	返回
	Cb_5	text	上一页
	Cb_6	text	下一页

窗口布局如12-4图所示。

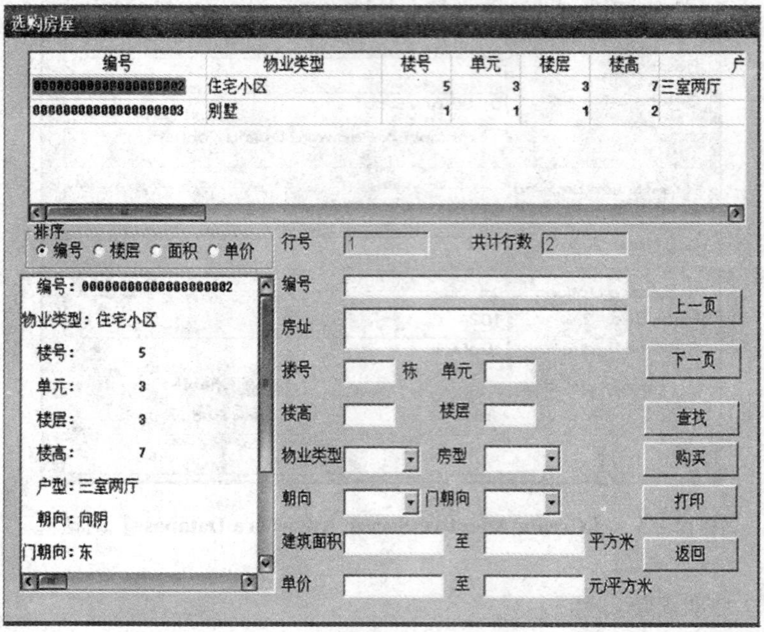

图12-4 "w_main"窗口布局

6. 编写代码

(1) 在 w_main 窗口的 open 事件中添加如下脚本:

```
if sysid <> "admin" then
m_1. m_view. m_员工信息维护. enabled = false
m_main. m_信息维护. m_员工信息维护. enabled = false
end if
dw_1. settransobject( sqlca)
dw_1. retrieve( )
dw_2. settransobject( sqlca)
dw_2. retrieve( )
dw_1. sharedatA( dw_2)
rb_1. triggerevent( "clicked" )
rb_1. checked = true
sle_11. text = string( dw_1. getrow( ) )
sle_12. text = string( dw_1. rowcount( ) )
```

(2) Dw_1. rowfocuschanged:

```
dw_2. scrolltorow( dw_1. getrow( ) )
sle_11. text = string( dw_1. getrow( ) )
```

(3) 各命令按钮的 clicked 事件中添加如下脚本:

Cb_1 (查找):

```
//1. 设置变量
string s_num,s_addd,s_wylx,s_hx,s_cx,s_mcx,cxyj = " "
int s_lh,s_dy,s_lg,s_lc
double s_jzmj1,s_jzmj2,s_money1,s_money2
s_num = trim(sle_1.text)
s_addd = trim(sle_2.text)
s_lh = integer(trim(sle_3.text))
s_dy = integer(trim(sle_4.text))
s_lg = integer(trim(sle_5.text))
s_lc = integer(trim(sle_6.text))
s_wylx = ddlb_1.text
s_hx = ddlb_2.text
s_cx = ddlb_3.text
s_mcx = ddlb_4.text
s_jzmj1 = double(trim(sle_7.text))
s_jzmj2 = double(trim(sle_8.text))
s_money1 = double(trim(sle_9.text))
s_money2 = double(trim(sle_10.text))
//2. 构架查询语句(cxyj) @_@
if len(s_num) >0 then
cxyj = "pos(num,'" + s_num + "') >0"
end if
if len(s_addd) >0 then
if len(cxyj) >0 then
cxyj = cxyj + " and pos(addd,'" + s_addd + "') >0"
else
cxyj = "pos(addd,'" + s_addd + "') >0"
end if
end if
if s_lh >0 then
if len(cxyj) >0 then
cxyj = cxyj + " and lh = " + string(s_lh)
else
cxyj = "lh = " + string(s_lh)
sle_4.text = cxyj
end if
end if
if s_dy >0 then
```

```
if len(cxyj) >0 then
    cxyj = cxyj + " and dy = " + string(s_dy)
else
    cxyj = " dy = " + string(s_dy)
    sle_4.text = cxyj
end if
end if
if s_lc >0 then
    if len(cxyj) >0 then
        cxyj = cxyj + " and lc = " + string(s_lc)
    else
        cxyj = " lc = " + string(s_lc)
        sle_4.text = cxyj
    end if
end if
if s_lg >0 then
    if len(cxyj) >0 then
        cxyj = cxyj + " and lg = " + string(s_lg)
    else
        cxyj = " lg = " + string(s_lg)
    end if
end if
if len(s_wylx) >0 then
    if len(cxyj) >0 then
        cxyj = cxyj + " and pos(wylx,'" + s_wylx + "') >0"
    else
        cxyj = " pos(wylx,'" + s_wylx + "') >0"
    end if
end if
if len(s_hx) >0 then
    if len(cxyj) >0 then
        cxyj = cxyj + " and pos(hx,'" + s_hx + "') >0"
    else
        cxyj = " pos(hx,'" + s_hx + "') >0"
    end if
end if
if len(s_cx) >0 then
    if len(cxyj) >0 then
        cxyj = cxyj + " and pos(cx,'" + s_cx + "') >0"
```

```
else
    cxyj = "pos(cx,'" + s_cx + "') >0"
    end if
end if
if len(s_mcx) >0 then
    if len(cxyj) >0 then
        cxyj = cxyj + " and pos(mcx,'" + s_mcx + "') >0"
    else
        cxyj = "pos(mcx,'" + s_mcx + "') >0"
    end if
end if
if s_jzmj1 >0 then
    if len(cxyj) >0 then
        cxyj = cxyj + " and jzmj > " + string(s_jzmj1)
    else
        cxyj = "jzmj > " + string(s_jzmj1)
    end if
end if
if s_jzmj2 >0 then
    if len(cxyj) >0 then
        cxyj = cxyj + " and jzmj < " + string(s_jzmj2)
    else
        cxyj = "jzmj < " + string(s_jzmj2)
    end if
end if
if s_money1 >0 then
    if len(cxyj) >0 then
        cxyj = cxyj + " and money > " + string(s_money1)
    else
        cxyj = "money > " + string(s_money1)
    end if
end if
if s_money2 >0 then
    if len(cxyj) >0 then
        cxyj = cxyj + " and money < " + string(s_money2)
    else
        cxyj = "money < " + string(s_money2)
    end if
end if
```

```
//3. 查找
dw_1.setfilter(cxyj)
dw_1.filter()
dw_2.setfilter(cxyj)
dw_2.filter()
send(handle(this),256,9,0)
sle_11.text = string(dw_1.getrow())
sle_12.text = string(dw_1.rowcount())
```

Cb_2(购买):
```
//导出购买房屋编号
gmnum = dw_2.getitemstring(dw_1.getrow(),"num")
//转到购买窗口
open(w_buy)
opensheet(w_buy,"w_buy",w_1,-2,Original!)
close(parent)
```

Cb_3(打印):
```
dw_1.print()
```

Cb_4(返回):
```
open(w_main)
opensheet(w_main,"w_main",w_1,-2,Original!)
close(parent)
```

Cb_5(上一页):
```
if sysid <> "admin" then
    m_1.m_view.m_员工信息维护.enabled = false
    m_main.m_信息维护.m_员工信息维护.enabled = false
end if
dw_1.settransobject(sqlca)
dw_1.retrieve()
dw_2.settransobject(sqlca)
dw_2.retrieve()
dw_1.sharedatA(dw_2)
rb_1.triggerevent("clicked")
rb_1.checked = true
sle_11.text = string(dw_1.getrow())
sle_12.text = string(dw_1.rowcount())
```

Cb_6(下一页):
```
long cur_row
cur_row = dw_1.getrow() + 5
dw_1.setrow(cur_row)
```

dw_1. setcolumn(1)
dw_1. scrolltorow(cur_row)
dw_1. setfocus( )

重点说明 系统设的全局变量：string gmnum，sysyid 在选购房屋的窗体中不用再声明。如图 12 – 5 所示。

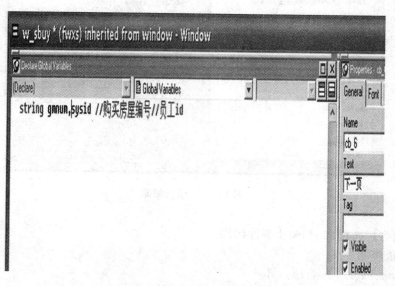

图 12 – 5 声明全局变量

7. 运行应用程序

当应用程序创建完成以后，接下来要运行该程序。单击"RUN"图标，便可以运行程序了。效果图如图 12 – 6 所示。

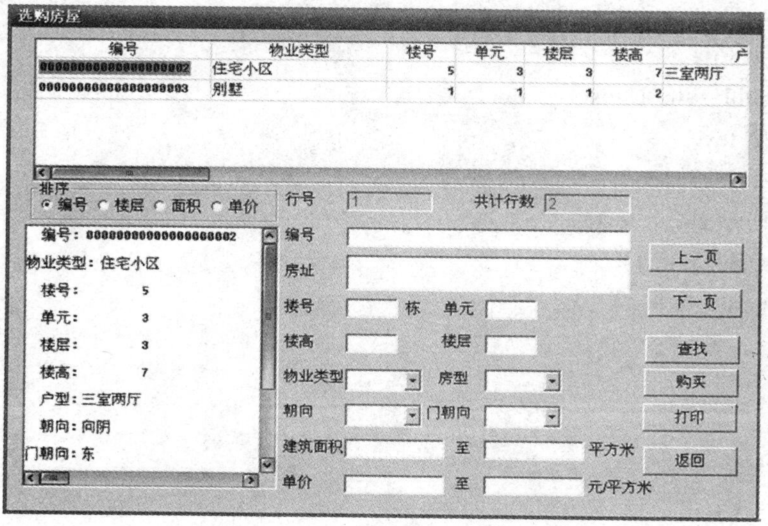

图 12 – 6 运行结果

重点说明　单击"购买"按钮后,出现如图 12-7 的运行结果。单击"交易成功"按钮,则会完成房屋购买的信息,并打印出报表。

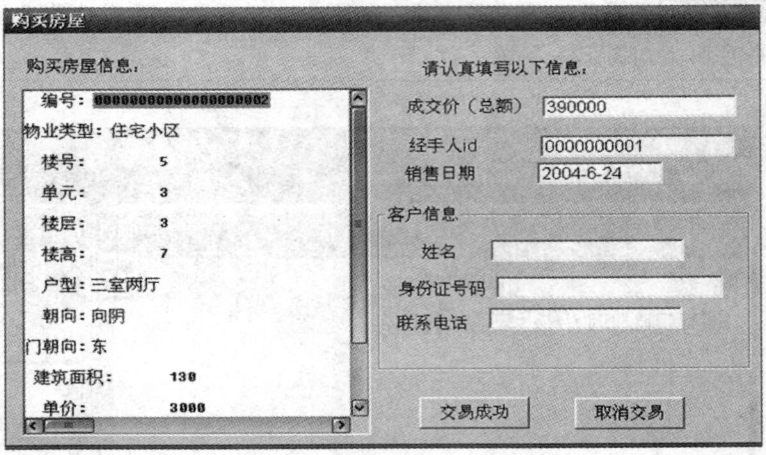

图 12-7　运行结果

【交易成功】按钮的 clicked 事件代码:

```
//1. 变量声明
string addd,hx,cx,mcx,bz,wylx
int lh,dy,lc,lg
double jzmj,money
string ygid,byname,bysf,bytel,num
date xsrq
string xsnum

//2. 变量赋值
money = double(sle_1.text)
ygid = sle_2.text
xsrq = date(sle_3.text)
byname = trim(sle_4.text)
bysf = trim(sle_5.text)
bytel = trim(sle_6.text)

select xs
into :num
from syssys
where dw = 1
;
```

```
if sqlca.sqlcode <0 then//没有连上数据库
    messagebox("提示","数据库错误",StopSign!)else
    num = string(long(num),"000000000000000000")
    xsnum = num
end if
//3. 加入销售表
insert into xs(num,addd,lh,dy,lc,hx,cx,mcx,jzmj,mon&
ey,bz,lg,byname,bysf,bytel,xsrq,ygid,fwnum,wylx)
values(:num,:addd,:lh,:dy,:lc,:hx,:cx,:mcx,:jzmj,:money,:bz,:lg,:byname,:bysf,:bytel,:xsrq,:ygid,:gmnum,:wylx);
syssys.xs +1
    num = string(long(num) +1)
    update syssys
    set xs = :num
    where dw = 1
    ;
//4. 删除房源
delete from fy where num = :gmnum;
//5. 发出销售编号
gmnum = xsnum
open(w_buyok)
opensheet(w_buyok,"w_buyok",w_1, -2,Original!)
close(w_2)
close(parent)
```

【取消交易】按钮的 clicked 事件代码:

```
open(w_main)
close(parent)
```

12.2 航空售票管理系统

实训目标

利用开发工具 PB8.0 开发一个航空售票管理系统,它能方便快捷的运用在民航业务之中。

实训内容

包括以下几个方面:售票子系统、订票子系统、飞行时刻查询等。

相关知识

数据关联、多表系统、查询、系统初始化、系统加密。

实现步骤

1. 创建登录窗口

创建一个窗口"w_enter"将其"title"属性设置为"航空售票管理系统",背景颜色 BackColor 设置为 silver。

其他控件如表 12-2 所示。

表 12-2 控件列表

控件	名称	属性	属性值
StaticText	St_1	text	航空售票管理系统
	St_2	text	用户名
	St_3	text	密码
CommandButton	Cb_1	text	登录
	Cb_2	text	退出

窗口布局如图 12-8 所示:

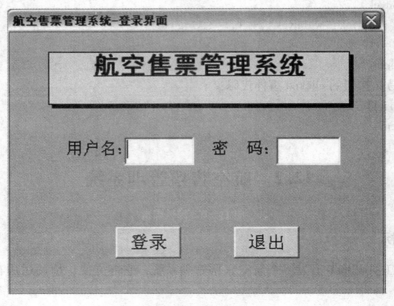

图 12-8 登录窗口

2. 编写代码

在 w_enter 窗口的"登录"按钮的"clicked"事件中添加如下脚本:

```
string yh,mm,pd1
yh = sle_1.text
select word into :mm from dl where name = :yh
using sqlca;
if sqlca.sqlcode = 100 then
    messagebox("错误","用户名错误")
    sle_1.text = ""
    sle_1.setfocus()
    i++
    if i>2 then
    messagebox("系统提示","你被迫退出系统")
        close(w_inter)
end if
else
    if mm = sle_2.text then
        select yhdj into :pd1 from dl where name = :yh;
        s_dl s
        s.dj = pd1
        s.nm = yh
        //定义结构用来传递用户的等级
        openwithparm(w_main,s)
        open(w_main)
    close(w_inter)
    else
        messagebox("错误","密码不正确")
        sle_2.text = ""
        sle_2.setfocus()
        i++
        if i>2 then
    messagebox("系统提示","你被迫退出系统")
        close(w_inter)
end if
    end if
end if
```

3. 创建主界面

创建一个窗口"w_child"将其"title"属性设置为"航空售票管理系统"，背景颜色BackColor 设置为 silver。其他控件如表 12-3 所示。

表 12 – 3　控件列表

控件	名称	属性	属性值
StaticText	St_1	text	航空售票管理系统
	St_2	text	当前用户状态：
	St_3	text	
	St_4	text	当前系统时间：
ListView	Lv_1	LargePictrureName	
CommandBotton	Cb_1	text	用户管理
	Cb_2	text	数据初始化
	Cb_3	text	票务操作
	Cb_4	text	数据维护

主界面如图 12 – 9 所示

图 12 – 9　系统主界面

4. 编写代码

（1）在 w_child 窗口的 open 事件中添加如下脚本：

```
s_dl s
s = Message. PowerObjectparm
st_2. text = s. dj + "用户：" + s. nm
```

```
use = s.dj
u_s = s.nm
timer(0.2)
st_4.text = string(year(today())) + " - " + string(month(today())) + " - " + string(day(today()))
cb_3.triggerevent("clicked")
```

(2) 在 w_child 窗口的 timer 事件中添加如下脚本：

```
st_1.text = mid(st_1.text,2) + left(st_1.text,1)
st_5.text = string(now())
```

(3) "用户管理"按钮的"clicked"事件中添加如下脚本：

```
integer i,j,q
//清空 lv_1
j = lv_1.totalitems()
q = j
for i = 1 to j
lv_1.deleteitem(q)
q = q - 1
next
lv_1.additem("用户注册",1)
lv_1.additem("密码修改",2)
lv_1.additem("用户注销",3)
lv_1.additem("用户查询",4)
a = 1
```

5. 创建客机信息界面

创建一个窗口"w_kejixinxi"将其"title"属性设置为"客机信息"，背景颜色 BackColor 设置为 silver。其他控件如表 12-4 所示。

表 12-4 控件列表

控件	名称	属性	属性值
StaticText	St_1	text	客机编号
	St_2	text	客机型号
	St_3	text	购买时间
	St_4	text	服役时间
	St_5	text	经济舱座位数
	St_6	text	公务舱座位数
	St_7	text	头等舱座位数
DataWindow	Dw_1	dataobject	D_kejixinxibiao

（续表）

控件	名称	属性	属性值
CommandBotton	Cb_1	text	录入
	Cb_2	text	修改
	Cb_3	text	删除
	Cb_4	text	撤销
	Cb_5	text	保存
	Cb_6	text	打印
	Cb_7	text	数据备份
	Cb_8	text	数据恢复
	Cb_9	text	返回

界面如图 12-10 所示。

图 12-10 "客机信息"界面

(1) 在"录入"按钮的"clicked"事件中添加如下脚本：

```
//时间判断
   //
if integer(sle_6.text) <1900 or integer(sle_6.text) >3000 then
    messagebox("信息","输入时间错误")
    return
```

```
        end if
    if integer(sle_7.text) < 1 or integer(sle_7.text) > 12 then
        messagebox("信息","输入时间错误")
        return
    end if
    if integer(sle_7.text) = 1 or integer(sle_7.text) = 3 or
    integer(sle_7.text) = 5 or integer(sle_7.text) = 7 or
    integer(sle_7.text) = 8 or integer(sle_7.text) = 10 or
    integer(sle_7.text) = 12 then
        if integer(sle_8.text) < 1 or integer(sle_8.text) > 31 then
            messagebox("信息","输入时间错误")
            return
        end if
    elseif integer(sle_7.text) = 2 then
        if mod(integer(sle_6.text),4) = 0 then
            if integer(sle_8.text) < 1 or integer(sle_8.text) > 29 then
                messagebox("信息","输入时间错误")
                return
            end if
        else
            if integer(sle_8.text) < 1 or integer(sle_8.text) > 28 then
                messagebox("信息","输入时间错误")
                return
            end if
        end if
    else
        if integer(sle_8.text) < 1 or integer(sle_8.text) > 30 then
            messagebox("信息","输入时间错误")
            return
        end if
end if
//时间判断
if integer(sle_9.text) < 1900 or integer(sle_9.text) > 3000 then
    messagebox("信息","输入时间错误")
    return
end if
if integer(sle_10.text) < 1 or integer(sle_10.text) > 12 then
    messagebox("信息","输入时间错误")
```

```
        return
    end if
if integer(sle_10.text) = 1 or integer(sle_10.text) = 3 or
integer(sle_10.text) = 5 or integer(sle_10.text) = 7 or
integer(sle_10.text) = 8 or integer(sle_10.text) = 10 or
integer(sle_10.text) = 12 then
    if integer(sle_11.text) < 1 or integer(sle_11.text) > 31 then
        messagebox("信息","输入时间错误")
            return
    end if
elseif integer(sle_10.text) = 2 then
    if mod(integer(sle_9.text),4) = 0 then
        if integer(sle_11.text) < 1 or integer(sle_11.text) > 29 then
            messagebox("信息","输入时间错误")
            return
        end if
    else
        if integer(sle_11.text) < 1 or integer(sle_11.text) > 28 then
            messagebox("信息","输入时间错误")
            return
        end if
    end if
else
    if integer(sle_11.text) < 1 or integer(sle_11.text) > 30 then
        messagebox("信息","输入时间错误")
        return
    end if
end if
//
string k_id,k_dj
k_id = sle_1.text
select kjxh into :k_dj from kejixinxibiao where kjid = :k_id
using sqlca;
if sqlca.sqlcode = 100 then
    if sle_1.text = "" then
        messagebox("信息","编号不能为空!")
        sle_1.setfocus()
        return
```

```
    else
long li_rowno
li_rowno = dw_1.insertrow(0)
dw_1.scrolltorow(li_rowno)
dw_1.setfocus()
dw_1.setitem(li_rowno,1,sle_1.text)
dw_1.setitem(li_rowno,2,sle_2.text)
dw_1.setitem(li_rowno,3,date(sle_6.text+"-"+sle_7.text+"-"+sle_8.text))
dw_1.setitem(li_rowno,4,date(sle_9.text+"-"+sle_10.text+"-"+sle_11.text))
dw_1.setitem(li_rowno,5,integer(sle_3.text))
dw_1.setitem(li_rowno,6,integer(sle_4.text))
dw_1.setitem(li_rowno,7,integer(sle_5.text))
dw_1.setitem(li_rowno,8,mle_1.text)
dw_1.update()
end if
else
    messagebox("错误","编号已存在!!")
    sle_1.text=""
    sle_1.setfocus()
end if
```

(2) 在"修改"按钮的"clicked"事件中添加如下脚本：

```
cb_3.enabled=true
cb_5.enabled=true
```

(3) "删除"按钮的 click 事件中添加如下脚本：

```
//全局变量 long g_in
g_in=dw_1.deleterow(0)
dw_1.setfocus()
cb_6.enabled=true
```

(4) 在"撤销"按钮的"clicked"事件中添加如下脚本：

```
dw_1.rowsmove(1,dw_1.deletedcount(),delete!,dw_1,g_in,primary!)
cb_6.enabled=false
dw_1.settransobject(sqlca)
dw_1.retrieve()
```

(5) 在"保存"按钮的"clicked"事件中添加如下脚本：

```
    if messagebox("信息","保存后信息将被更改不能恢复!!",
question!,okcancel!)<>1 then
        dw_1.settransobject(sqlca)
        dw_1.retrieve()
            return
```

```
        else
            dw_1.update()
            cb_6.enabled = false
        end if
```
(6) 在"打印"按钮的"clicked"事件中添加如下脚本:
```
Dw_1.print()
```
(7) 在"数据备份"按钮的"clicked"事件中添加如下脚本:
```
string filename,filepath
if getfilesavename("数据备份",filepath,filename,"*.txt","文本文件,*.txt") = 1 then
    dw_1.saveas(filename,text!,false)
    messagebox("信息","数据备份成功!!")
end if
```
(8) 在"数据恢复"按钮的"clicked"事件中添加如下脚本:
```
integer a,s,d
a = dw_1.rowcount()
d = a
if dw_1.rowcount() >1 then
   if messagebox("提示","恢复数据请备份原数据!!,你真的要恢复吗??",question!,yesnocancel!) = 1 then
        for s = 0 to a
            dw_1.deleterow(d)
            d = d - 1
        next
    else
        return
   end if
end if
string n
setnull(n)
dw_1.importfile(n)
dw_1.update()
messagebox("信息","数据恢复成功!!")
```
(9) 在"返回"按钮的"clicked"事件中添加如下脚本:
```
MESSAGE.RETURNVALUE = 1
    RETURN
ELSEIF IANSWER = 1 THEN
    DW_1.UPDATE()
END IF
MESSAGE.RETURNVALUE"数据被修改了,保存吗?",QUESTION!,YESNOCANCEL!,1)
```

```
IF IANSWER = 3 THEN
    MESSAGE. RETURNVALUE = 1
    RETURN
ELSEIF IANSWER = 1 THEN
    DW_1: UPDATE( )
END IF
MESSAGE. RETURNVALUE = 0
```

6. 创建票务状况界面

创建一个窗口 "w_piaowuzhuangkuang" 将其 "title" 属性设置为 "票务状况",背景颜色 BackColor 设置为 silver。效果图如图 12 – 11 所示。

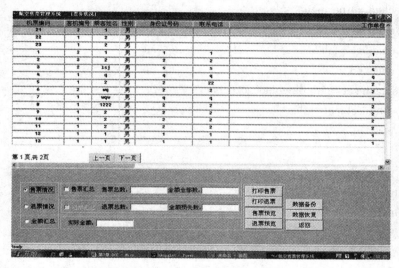

图 12 – 11 票务状况界面

票务状况界面添加的主要控件见表 12 – 5

表 12 – 5 控件列表

控件	名称	属性	属性值
RadioButton	rb_1	text	售票情况
	rb_2	text	退票情况
	rb_3	text	全额汇总
CommandBotton	Cb_1	text	打印售票
	Cb_2	text	打印退票
	Cb_3	text	售票预览
	Cb_4	text	退票预览
	Cb_5	text	数据备份

(续表)

控件	名称	属性	属性值
	Cb_6	text	数据恢复
	Cb_7	text	返回
CheckBox	Cbx_1	text	售票汇总
	Cbx_2	text	退票汇总

(1)"售票情况"按钮的"clicked"事件中添加如下脚本:

```
if this.checked = true then
    cbx_2.enabled = true
    cbx_1.enabled = false
    cbx_1.checked = false
    dw_1.dataobject = "d_dingpiaocaozuobiao"
    dw_1.settransobject(sqlca)
    dw_1.retrieve()
else
    cbx_2.enabled = false
    sle_3.text = ""
    sle_4.text = ""
end if
```

(2)"退票情况"按钮的"clicked"事件中添加如下脚本:

```
if this.checked = true then
    cbx_1.enabled = true
    cbx_2.enabled = false
    cbx_2.checked = false
    dw_1.dataobject = "d_tuipiaocaozuobiao"
    dw_1.settransobject(sqlca)
    dw_1.retrieve()
else
    cbx_1.enabled = false
end if
```

(3)"全额汇总"按钮的"clicked"事件中添加如下脚本:

```
if this.checked then
    cbx_1.enabled = false
    cbx_2.enabled = false
    cbx_1.checked = false
    cbx_2.checked = false
```

```
    if sle_2.text = "" or sle_4.text = "" then
        messagebox("信息","票价未汇总!!")
        return
    else
        sle_5.text = string(integer(sle_4.text) - integer(sle_2.text))
    end if
end if
```

（4）"售票汇总"按钮的"clicked"事件中添加如下脚本：
```
if this.checked = true then
    sle_3.text = string(dw_1.rowcount())
    int i,j = 0
    for i = 1 to dw_1.rowcount()
        j = j + dw_1.getitemnumber(i,19)
    next
    sle_4.text = string(j)
end if
```

（5）"退票汇总"按钮的"clicked"事件中添加如下脚本：
```
if this.checked = true then
    sle_1.text = string(dw_1.rowcount())
    int i,j = 0
    for i = 1 to dw_1.rowcount() - 1
        j = j + dw_1.getitemnumber(i,6)
    next
    sle_2.text = string(j)
end if
```

（6）"dw_1"的"doublecilc"事件中添加如下脚本：
```
//实现双击排序 定义全局变量 string sortway
string l_name,l_text
int l_g
if sortway = "d" then
    sortway = "a"
else
    sortway = "d"
end if
l_text = dwo.name
l_g = len(l_text)
l_name = left(l_text,l_g - 2)
if not isnull(l_name) then
    if dw_1.setsort(l_name + sortway) = 1 then
```

```
        dw_1.sort( )
    end if
end if
```

12.3　图书管理系统

实训目标

通过学习本实例让您继续了解利用 PB 开发出一个比较科学的图书库存管理系统，可以借一些图书给使用单位使用。

实训内容

用户管理、人员登入管理、还书管理、借书管理、进书管理等。

相关知识

多表操作系统、统计、数据初始化、权限认证与维护。

实现步骤

12.3.1　创建登录窗口

1. 创建窗口

创建一个窗口"w_main"将其"title"属性设置为"用户管理"，背景颜色 BackColor 设置为 silver。

在窗口上放置控件如表 12-6 所示。

表 12-6　控件列表

控件	名称	属性	属性值
singlelineedit	Sle_1	text	
	Sle_2	text	
CommandBotton	Cb_1	text	登入
	Cb_2	text	取消
	Cb_3	text	退出
statictext	St_1	text	用户名
	At_2	text	密码

窗口布局如图 12-12 所示：

2. 编写代码

创建实例变量：

datastore datanumber
datastore yonghu,shenfen

(1) 在"w_main"窗口的"open"事件中添加如下脚本：

datanumber = create datastore
yonghu = create datastore
shenfen = create datastore
datanumber. dataobject = "dw_limited"
datanumber. settransobject(sqlca)
yonghu. dataobject = "dw_yonghu"
yonghu. settransobject(sqlca)
shenfen. dataobject = "dw_shenfen"
shenfen. settransobject(sqlca)
datanumber. retrieve()
yonghu. retrieve()
shenfen. retrieve()

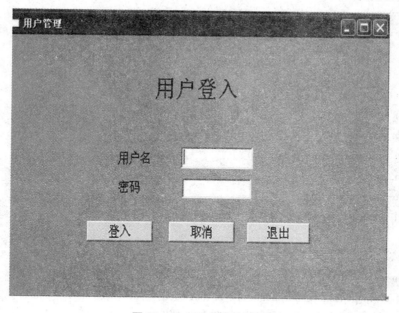

图 12-12 用户登录界面

(2) 命令按钮的"clicked"事件中添加如下脚本：

Cb_1 事件编码如下：

string name,number
int row,i,s,rows
s = 0

```
row = datanumber.rowcount()
for i = 1 to row
    name = datanumber.getitemstring(i,"name")
    number = datanumber.getitemstring(i,"mima")
    if name = sle_1.text and number = sle_2.text then
        s = i
        rows = shenfen.rowcount()
        shenfen.insertrow(0)
        shenfen.setitem(rows + 1,1,string(rows + 1))
        shenfen.setitem(rows + 1,2,"yes")
        shenfen.update()
        w_limited.visible = false
        open(d_frame)
    end if
next
row = yonghu.rowcount()
for i = 1 to row
    name = yonghu.getitemstring(i,"name")
    number = yonghu.getitemstring(i,"mima")
    if name = sle_1.text and number = sle_2.text then
        s = i
        rows = shenfen.rowcount()
        shenfen.insertrow(0)
        shenfen.setitem(rows + 1,1,string(rows + 1))
        shenfen.setitem(rows + 1,2,"no")
        shenfen.update()
        w_limited.visible = false
        open(d_frame)
    end if
next
if s = 0 then
    if name < > sle_1.text or number = sle_2.text then
        messagebox("系统提示","对不起,没有找到")
        sle_1.text = ""
        sle_2.text = ""
    end if
end if
```

Cb_2事件编码如下:

sle_1. text = " "

sle_2. text = " "

Cb_3 事件编码如下：

close(parent)

3. 运行程序

单击"RUN"图标，便可以运行程序了。

12.3.2 人员登录窗口

1. 窗口设计

窗口控件见表 12-7

窗口布局如图 12-13 所示。

表 12-7 控件列表

控件	名称	属性	属性值
singlelineedit	Sle_1	text	
	Sle_2	text	
CommandBotton	Cb_1	text	输入
	Cb_2	text	取消
	Cb_3	text	退出
SingleLineEdit			

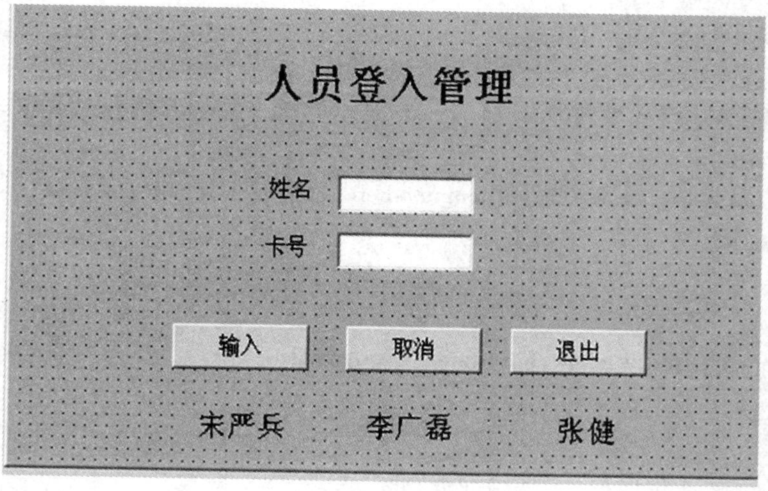

图 12-13 人员登录窗口

2. 编写代码

//创建实例变量：

datastore datanum

（1）窗口的 open 事件中添加如下脚本：

```
datanum = create datastore
datanum.dataobject = "dw_ryb"
datanum.settransobject(sqlca)
datanum.retrieve()
```

（2）命令按钮的"clicked"事件中添加如下脚本：

Cb_1 的代码如下：

```
string name,number,cardnumber
int i,s,dengru
struct f
name = ""
number = ""
s = 0
for i = 1 to datanum.rowcount()
name = datanum.getitemstring(i,"姓名")
number = datanum.getitemstring(i,"卡号")
if name = sle_1.text and number = sle_2.text then
   select cardnumber into :cardnumber from deletetable where cardnumber = :number;
   if cardnumber = "" then
      f.v_name = name
      f.v_number = number
      s = i
      select 人员表.登入次数 into :dengru from 人员表 where 人员表.卡号 = :number;
      dengru = dengru + 1
      update 人员表 set 登入次数 = :dengru where 人员表.卡号 = :number;
      sle_1.text = ""
      sle_2.text = ""

      opensheetwithparm(w_show,f,d_frame,1,original!)
   else
      s = i
      messagebox("系统提示","你已经被删除")
   end if
end if
next
if s = 0 then
```

```
if name < > sle_1. text or number < > sle_2. text then
    messagebox("系统提示","对不起,没有找到")
    sle_1. text = " "
    sle_2. text = " "
end if
end if
```
Cb_2 的代码如下：
```
sle_1. text = " "
sle_2. text = " "
```
Cb_3 的代码如下：
```
close( parent)
```

12.3.3 人员信息显示窗口

1. 窗口设计

窗口控件见表 12 – 8,窗口布局见图 12 – 14。

表 12 – 8 控件列表

控件	名称	属性	属性值
datawidow	Dw_1		

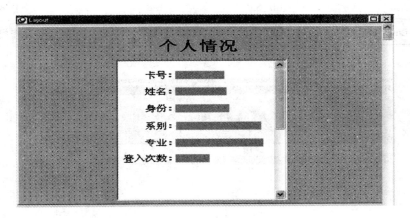

图 12 – 14 人员信息显示窗口

2. 编写代码

(1)窗口的"open"事件中添加如下脚本：
```
dw_1. settransobject( sqlca)
struct f
f = message. powerobjectparm
dw_1. retrieve( f. v_number)
```

dw_1.update()
timer(2)
(2) timer 事件的代码如下:
close(w_show)

12.3.4 人员管理

1. 窗口设计

窗口控件见表12 – 9,窗口布局见图12 – 15。

表12 – 9 控件列表

控件	名称	属性	属性值
dropdownlistbox	ddlb_1	text	
	ddlb_2	text	
CommandButton	Cb_1	text	输入
	Cb_2	text	上一条
	Cb_3	text	下一条
	Cb_4	text	删除
	Cb_5	text	更新
	Cb_6	text	退出
SingleLineEdit	Cb_7	Text	查找

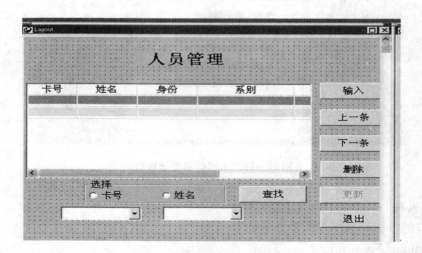

图12 – 15 人员管理窗口

2. 编写代码

各按钮的"Clicked"事件代码如下：

cb_1 的代码如下：

```
dw_1.enabled = true
int row
row = dw_1.rowcount()
dw_1.insertrow(0)
dw_1.scrolltorow(0)
dw_1.setfocus()
cb_1.enabled = false
cb_4.enabled = true
dw_1.scrolltorow(row + 1)
dw_1.setfocus()
```

cb_2 的代码如下：

```
int row
row = dw_1.getrow()
dw_1.scrolltorow(row - 1)
dw_1.setfocus()
```

cb_3 的代码如下：

```
int row
row = dw_1.getrow()
dw_1.scrolltorow(row + 1)
dw_1.setfocus()
```

cb_4 的代码如下：

```
int row
row = dw_1.getrow()
dw_1.deleterow(row)
dw_1.scrolltorow(row)
dw_1.setfocus()
cb_1.enabled = true
```

cb_5 的代码如下：

```
dw_1.update()
cb_1.enabled = true
cb_4.enabled = false
```

cb_6 的代码如下：

```
close(parent)
```

cb_7 的代码如下：

```
int row,i
string zimu
```

```
row = dw_1.rowcount()
if rb_1.checked then
  for i = 1 to row
    zimu = dw_1.getitemstring(i,"卡号")
    if zimu = ddlb_1.text then
      dw_1.scrolltorow(i)
      dw_1.setrow(i)
      dw_1.setfocus()
    end if
  next
end if
if rb_2.checked then
  for i = 1 to row
    zimu = dw_1.getitemstring(i,"姓名")
    if zimu = ddlb_2.text then
      dw_1.scrolltorow(i)
      dw_1.setrow(i)
      dw_1.setfocus()
    end if
  next
end if
```

rb_1 的代码如下：

```
int row,i
string kahao,kahaos
row = dw_1.rowcount()
if rb_1.checked then
  for i = 1 to row
    kahao = dw_1.getitemstring(i,"卡号")
    select 卡号 into :kahaos from 人员表 where 卡号 = :kahao;
    ddlb_1.additem(kahaos)
  next
if rb_2.checked = false then
  for i = 1 to row
    ddlb_2.selectitem(1)
    ddlb_2.deleteitem(1)

  next
  ddlb_2.text = ""
```

```
end if
end if
```

rb_2 的代码如下：

```
int row,i
string kahao,kahaos
row = dw_1.rowcount( )
if rb_1.checked then
    for i = 1 to row
        kahao = dw_1.getitemstring(i,"卡号")
        select 卡号 into :kahaos from 人员表 where 卡号 = :kahao;
        ddlb_1.additem(kahaos)
    next
if rb_2.checked = false then
    for i = 1 to row
        ddlb_2.selectitem(1)
        ddlb_2.deleteitem(1)

    next
    ddlb_2.text = ""
end if
end if
```

3. 运行应用程序

单击"RUN"图标，便可以运行程序了。运行结果如图 12 - 16 所示。

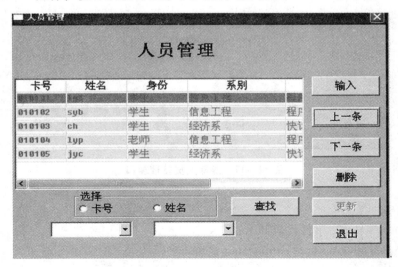

图 12 - 16 人员管理运行结果图

12.3.5 删除人员管理

1. 窗口设计

窗口控件见表 12-10，窗口布局见图 12-17。

表 12-10 窗口控件

控件	名称	属性	属性值
CommandBotton	Cb_1	text	输入
	Cb_2	text	默认输入
	Cb_3	text	删除
	Cb_4	text	更新
	Cb_5	text	退出
SingleLineEdit datawidow	Dw_1		

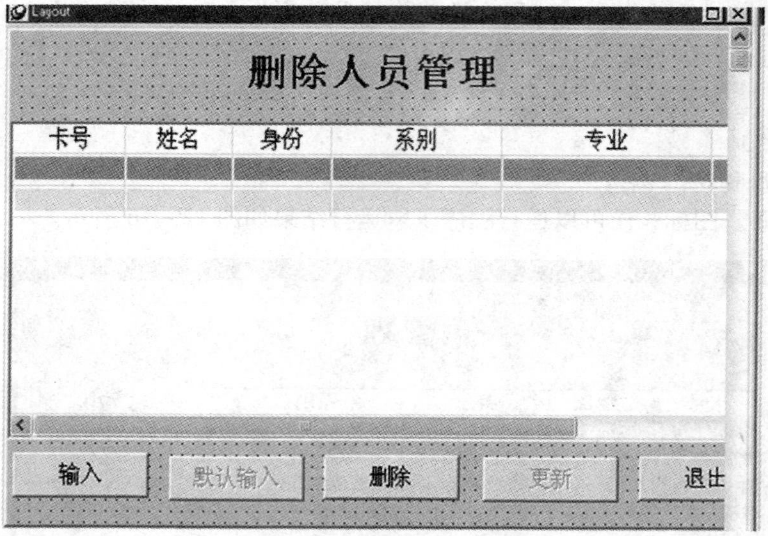

图 12-17 删除人员管理窗口

2. 编写代码

（1）窗口的"open"事件代码如下：

delete from deletebook where cardnumber is null;
dw_1.settransobject(sqlca)
dw_1.retrieve()

（2）命令按钮的"clicked"的事件代码如下：

Cb_1 的代码如下：

```
int row
row = dw_1.rowcount()
dw_1.insertrow(0)
dw_1.scrolltorow(row + 1)
dw_1.setfocus()
cb_3.enabled = true
cb_1.enabled = false
```

Cb_2 的代码如下：

```
int i,row,s,p
string ss
string cardnumber,one,two,three,four,five,thisnumber,currentnumber
s = 0
p = 2
menber = create datastore
menber.dataobject = "dw_ryb"
menber.settransobject(sqlca)
menber.retrieve()
row = dw_1.rowcount()
if row > 1 then
for i = 1 to row - 1
   three = dw_1.getitemstring(row,"cardnumber")
   currentnumber = dw_1.getitemstring(i,"cardnumber")
   if three = currentnumber then
      messagebox("系统提示","他在删除行列")
      dw_1.deleterow(row)
      row = i
      p = 0
      cb_3.enabled = false
      cb_1.enabled = true
   end if
next
end if
if row > 0 then
three = ""
thisnumber = dw_1.getitemstring(row,"cardnumber")
row = menber.rowcount()
for i = 1 to row
   cardnumber = menber.getitemstring(i,"卡号")
```

```
if cardnumber = thisnumber then
    s = i
    one = menber.getitemstring(i,"姓名")
    two = menber.getitemstring(i,"身份")
    three = menber.getitemstring(i,"系别")
    four = menber.getitemstring(i,"专业")
  end if
next
if s < >0 and p < >0 then
insert into deletetable
values(:thisnumber,:one,:two,:three,:four,null);
cb_4.enabled = true
cb_3.enabled = false
end if
dw_1.retrieve()
if s = 0 and p < >0 then
  messagebox("系统提示","人员表里没有此人员")
  dw_1.deleterow(0)
  cb_3.enabled = false
  cb_1.enabled = true
end if
else
  messagebox("系统提示","你首先必须输入一行")
  cb_3.enabled = false
end if
```

Cb_3 的代码如下：

```
int row
row = dw_1.getrow()
dw_1.deleterow(row)
dw_1.scrolltorow(row)
dw_1.setfocus()
dw_1.update()
```

Cb_4 的代码如下：

```
dw_1.update()
cb_1.enabled = true
cb_4.enabled = false
```

12.3.6 进书管理

1. 窗口设计

窗口控件见表 12–11，窗口布局见图 12–18。

表 12–11 控件列表

控件	名称	属性	属性值
singlelineedit	Sle_1	text	
	Sle_2	text	
	Sle_3	text	
CommandBotton	Cb_1	text	增加记录
	Cb_2	text	更新
	Cb_3	text	退出
datawidow SingleLineEdit	Dw_1		

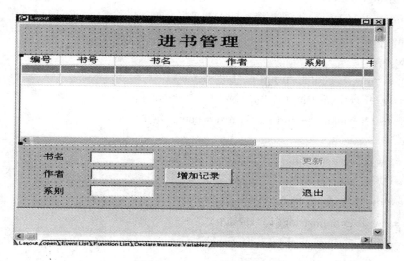

图 12–18 进书管理窗口

2. 编写代码

（1）创建实例变量

datastore yonghu

（2）窗口的"open"事件如下：

```
delete from inbook where money is null or number is null;
dw_1.settransobject(sqlca)
dw_1.retrieve()
yonghu = create datastore
yonghu.dataobject = "dw_shenfen"
yonghu.settransobject(sqlca)
yonghu.retrieve()
```

(3) 各按钮的"clicked"事件的代码如下：

Cb_1 的代码如下：

```
int row,i,five,rows,s,lastrow
string bookname,name,shenfen
row = dw_1.rowcount()
string one,two,three,four,bianhao,port,xibie
date riqi
struct ports
ports.v_xibie = sle_3.text
rows = row + 1
bianhao = string(rows)
riqi = string(today())
riqi = today()
for i = 1 to row
   bookname = dw_1.getitemstring(i,"bookname")
   name = dw_1.getitemstring(i,"zuozhe")
   if sle_1.text = bookname and sle_2.text = name then
      s = i
      one = dw_1.getitemstring(i,"booknumber")
      two = dw_1.getitemstring(i,"bookname")
      three = dw_1.getitemstring(i,"zuozhe")
      four = dw_1.getitemstring(i,"zhonglei")
      five = dw_1.getitemnumber(i,"money")
      lastrow = yonghu.rowcount()
      shenfen = yonghu.getitemstring(lastrow,"shenfen")
      if shenfen = "yes" then
         select port into :port from porttable where department = :four;
      insert into inbook
      values(:bianhao,:one,:two,:three,:four,:port,null,:five,:riqi);
      dw_1.retrieve()
      messagebox("系统提示","找到,请输入数量和日期")
      dw_1.scrolltorow(rows)
```

```
            dw_1.setfocus()
            cb_2.enabled = true
            row = i
            cb_1.enabled = false
        end if
        if shenfen = "no" then
            dw_1.scrolltorow(i)
            dw_1.setfocus()
        end if
    end if
next
if s = 0 and sle_1.text <> "" and sle_2.text <> "" and sle_3.text <> "" then
    messagebox("系统提示","没有找到,请为新书编号")
    xibie = sle_3.text
    select port into :port from porttable where department = :xibie;
    cb_1.enabled = false
    dw_1.insertrow(0)
    row = dw_1.rowcount()
    if port = "" then
    dw_1.setitem(row + 1,1,bianhao)
    dw_1.setitem(row + 1,3,sle_1.text)
    dw_1.setitem(row + 1,4,sle_2.text)
    dw_1.setitem(row + 1,5,sle_3.text)
    dw_1.setitem(row + 1,6,port)
    dw_1.setitem(row + 1,9,riqi)
    dw_1.scrolltorow(row + 1)
    dw_1.setfocus()
    cb_2.enabled = true
    if port = "" then
        messagebox("系统提示","没有此类书的位置,请分配")
        opensheetwithparm(w_weizhi,ports,d_frame,1,original!)
        dw_1.deleterow(row + 1)
        cb_1.enabled = false
        cb_2.enabled = true
    end if
end if
if s = 0 and (sle_1.text = "" or sle_2.text = "" or sle_3.text = "") then
    messagebox("系统提示","书名,作者,系别不能为空")
```

```
end if
cb_2. enabled = true
dw_1. setsort("bianhao")
dw_1. sort()
dw_1. scrolltorow(rows)
dw_1. setfocus()
```

Cb_2 的代码如下：

```
int lasts, lastbookmoney
int row, numbers, number, nownumber, lastbooknumber, nownumbers, numberss
string booknumber, name, port, cardnumber
string one, two, three, four
int six, five
lastbookmoney = 0
lastbookmoney = 0
numbers = 0
name = ""
lasts = dw_1. rowcount()
cardnumber = dw_1. getitemstring(lasts,"booknumber")
lastbooknumber = dw_1. getitemnumber(lasts,"number")
lastbookmoney = dw_1. getitemnumber(lasts,"money")
if string(lastbooknumber) < > "" and string(lastbookmoney) < > "" and cardnumber < > "" then
dw_1. update()
dw_1. retrieve()
row = dw_1. rowcount()
booknumber = dw_1. getitemstring(row,"booknumber")
number = dw_1. getitemnumber(row,"number")
select nownumber, allnumber, bookname into :nownumber,:numbers,:name from booktable where bookcard = :booknumber;
numbers = numbers + number
nownumber = nownumber + number
sle_1. text = ""
sle_2. text = ""
sle_3. text = ""
cb_2. enabled = false
cb_1. enabled = true
if name < > "" then
update booktable set nownumber = :nownumber, allnumber = :numbers where bookcard = :booknumber;
```

```
else
    numberss = numbers + number
    nownumbers = nownumber
    one = dw_1.getitemstring(row," booknumber")
    two = dw_1.getitemstring(row," bookname")
    three = dw_1.getitemstring(row," zuozhe")
    four = dw_1.getitemstring(row," zhonglei")
    port = dw_1.getitemstring(row," port")
    five = dw_1.getitemnumber(row," money")
    six = dw_1.getitemnumber(row," number")
    insert booktable
    values(:one,:two,:three,:four,:port,:nownumber,:five,0,:six);
end if
else
    messagebox("系统提示","卡号 数量和价格不能为空")
    dw_1.scrolltorow(lasts - 1)
    dw_1.setfocus()

end if
dw_1.scrolltorow(lasts)
dw_1.setfocus()
```

Cb_3 的代码如下：
```
close(parent)
```

12.3.7 借书管理

1. 窗口设计

窗口控件见表 12-12，窗口布局见图 12-19。

表 12-12

控件	名称	属性	属性值
CommandBotton	Cb_1	text	输入
	Cb_2	text	默认输入
	Cb_3	text	更新
	Cb_4	text	退出
datawidow	Dw_1		
SingleLineEdit			

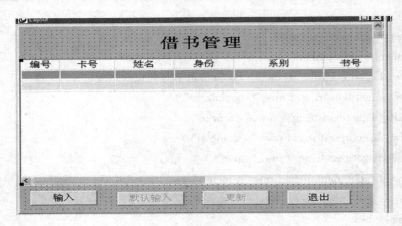

图 12-19 借书管理窗口

2. 编写代码

(1) 创建实例变量

datastore menber

datastore allbook

(2) 窗口的"open"事件代码如下：

delete from jstable where number is null or backdate is null;

dw_1.settransobject(sqlca)

dw_1.retrieve()

(3) 命令按钮的"clicked"事件代码如下：

Cb_1 的代码如下：

int row,money,rows,number

string bianhao

string dates

number = 0

row = dw_1.rowcount()

dw_1.insertrow(0)

dw_1.setitem(row + 1,1,string(row + 1))

dw_1.scrolltorow(dw_1.rowcount())

dw_1.setfocus()

allrow = dw_1.rowcount()

if row > 0 then

dates = string(dw_1.getitemdate(row,"backdate"))

number = dw_1.getitemnumber(row,"number")

if dates < > "" and string(number) < > "" then

rows = dw_1.rowcount()

```
    dw_1.scrolltorow(rows)
    dw_1.setfocus()
    dw_1.setcolumn(1)
else
    rows = dw_1.rowcount()
    dw_1.deleterow(rows)
    dw_1.scrolltorow(row)
    dw_1.setcolumn(9)
    dw_1.setfocus()
    messagebox("系统提示","请先把上一条输完")
    dw_1.deleterow(row + 1)
```

Cb_2 的代码如下：

```
int row,i,money,menberrow,allbookrow,lastrow,s,p
string cardnumber,booknumber,getcardnumber,getbooknumber,getshenfen
string name,address,bookname,zuozhe,currentdate,bianhao
string biaozhi
biaozhi = "no"
s = 0
p = 0
currentdate = string(today())
menber = create datastore
allbook = create datastore
menber.dataobject = "dw_ryb"
allbook.dataobject = "dw_allbook"
menber.settransobject(sqlca)
menber.retrieve()
allbook.settransobject(sqlca)
allbook.retrieve()
row = dw_1.rowcount()
name = " "
bookname = " "
if row <>0 then
cardnumber = dw_1.getitemstring(row,"cardnumber")
booknumber = dw_1.getitemstring(row,"booknumber")
bianhao = dw_1.getitemstring(row,"bianhao")
menberrow = menber.rowcount()
if menberrow <>0 then
for i = 1 to menberrow
    getcardnumber = menber.getitemstring(i,"卡号")
```

```
        if cardnumber = getcardnumber then
            s = i
            name = menber. getitemstring(i,"姓名")
            getshenfen = menber. getitemstring(i,"身份")
            address = menber. getitemstring(i,"系别")
        end if
    next
    else
        lastrow = dw_1. rowcount( )
        messagebox("系统提示","人员表是空的")
        dw_1. deleterow(lastrow)
        cb_2. enabled = false
    end if
    allbookrow = allbook. rowcount( )
    if allbookrow < >0 then
    for i = 1 to allbookrow
        getbooknumber = allbook. getitemstring(i,"bookcard")
        if booknumber = getbooknumber then
            p = i
            bookname = allbook. getitemstring(i,"bookname")
            zuozhe = allbook. getitemstring(i,"zuozhe")
            money = allbook. getitemnumber(i,"money")
        end if
    next
    else
        lastrow = dw_1. rowcount( )
        messagebox("系统提示","书库是空的")
        cb_2. enabled = false
        if lastrow < >0 then
            dw_1. deleterow(lastrow)
        end if
    end if
    if p < >0 and s < >0 then
    insert into jstable
    values ( :bianhao,:cardnumber,:name,:getshenfen,:address,:booknumber,:bookname,:
    zuozhe,:money,null,:currentdate,null,:biaozhi);
    cb_3. enabled = true
    cb_2. enabled = false
    dw_1. retrieve( )
```

```
        dw_1.scrolltorow(row)
        dw_1.setfocus()
    end if
    else
        messagebox("系统提示","请首先输入一行")
    end if
    lastrow = dw_1.rowcount()
    if lastrow <>0 and name = "" then
        messagebox("系统提示","没有此人员")
        cb_2.enabled = false
        dw_1.deleterow(lastrow)
        dw_1.update()
        dw_1.retrieve()
    end if
    lastrow = dw_1.rowcount()
    if lastrow <>0 and bookname = "" then
        messagebox("系统提示","书库里没有此书")
        cb_2.enabled = false
        dw_1.deleterow(lastrow)
        dw_1.update()
        dw_1.retrieve()
    end if
    cb_2.enabled = false
    dw_1.setsort("bianhao")
    dw_1.sort()
    dw_1.scrolltorow(row)
    dw_1.setfocus()
```

Cb_3 的代码如下：

```
int row,number,cishu,numbers
string booknumber,shuliang
string backdate,numberr
dw_1.update()
row = dw_1.rowcount()
if row <>0 then
backdate = string(dw_1.getitemdate(row,"backdate"))
numberr = string(dw_1.getitemnumber(row,"number"))
if backdate <> "" and numberr <> "" then
    cb_3.enabled = false
dw_1.update()
```

```
number = dw_1.getitemnumber(row,"number")
booknumber = dw_1.getitemstring(row,"booknumber")
select nownumber,cishu into :numbers,:cishu from booktable where bookcard = :booknumber;
shuliang = string(numbers)
numbers = numbers - number
if numbers >0 then
cishu = cishu + 1
update booktable set nownumber = :numbers,cishu = :cishu where bookcard = :booknumber;
dw_1.update()
else
messagebox("系统提示","现在书只有" + shuliang + "本")
delete from jstable where number is null or backdate is null;
dw_1.retrieve()
end if

else
   messagebox("system","必须填写数量和归还日期")
end if
end if
dw_1.scrolltorow(row)
dw_1.setfocus()
```

Cb_4 的代码如下:

```
close (parent)
```

12.3.8 还书管理

1. 窗口设计

窗口控件见表12-13,窗口布局见图12-20。

表12-13 控件列表

控件	名称	属性	属性值
CommandBotton	Cb_1	text	输入
	Cb_2	text	默认输入
	Cb_3	text	更新
	Cb_4	text	退出
datawidow	Dw_1		
SingleLineEdit			

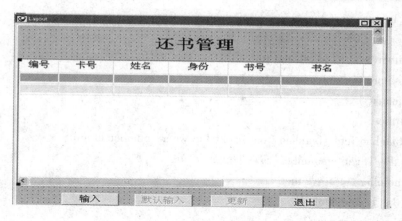

图 12-20 还书管理窗口

2. 编写代码

(1) 创建实例变量：

datastore menber

datastore allbook

datastore givemoneys

datastore jsbook

string jsbianhao

(2) 窗口的"open"事件代码如下：

delete from backtable where number is null;

menber = create datastore

allbook = create datastore

givemoneys = create datastore

menber.dataobject = "dw_ryb"

menber.settransobject(sqlca)

menber.retrieve()

allbook.dataobject = "dw_allbook"

allbook.settransobject(sqlca)

allbook.retrieve()

givemoneys.dataobject = "dw_givemoneybook"

givemoneys.settransobject(sqlca)

givemoneys.retrieve()

dw_1.settransobject(sqlca)

dw_1.retrieve()

(3) 各命令按钮的"clicked"事件的代码如下：

Cb_1 的代码如下：

int row,money,rows,number

string bianhao

```
row = dw_1.rowcount()
dw_1.insertrow(0)
dw_1.setitem(row + 1,1,string(row + 1))
dw_1.scrolltorow(dw_1.rowcount())
dw_1.setfocus()
if row > 0 then
//select bianhao into :bianhao from backtable where number is null;
number = dw_1.getitemnumber(row,"number")
if string(number) < > "" then
    rows = dw_1.rowcount()
    dw_1.scrolltorow(rows)
    dw_1.setfocus()
    dw_1.setcolumn(1)
    //cb_3.enabled = true
    //cb_2.enabled = true
    //cb_1.enabled = false
else

    rows = dw_1.rowcount()
    dw_1.deleterow(rows)
    dw_1.scrolltorow(row)
    dw_1.setcolumn(9)
    dw_1.setfocus()
    messagebox("系统提示","请先把上一条输完")
    end if
end if
cb_2.enabled = true
```

Cb_2 的代码如下：

```
int row,rows,i,datenumber,yjmoney,lastrow,another,rowss,row1,s
string cardnumber,booknumber,bianhao,biaozhi
string getcardnumber,getbooknumber,shenfen
string name,bookname,zuozhe,chars
string jscardnumber,jsbooknumber
date currentdate,backdate
int p,c
p = 0
c = 0
currentdate = today()
row = dw_1.rowcount()
```

```
if row < >0 then
cardnumber = dw_1.getitemstring(row,"cardnumber")
booknumber = dw_1.getitemstring(row,"booknumber")
bianhao = dw_1.getitemstring(row,"bianhao")
rows = menber.rowcount()
if rows < >0 then
for i = 1 to rows
    getcardnumber = menber.getitemstring(i,"卡号")
    if cardnumber = getcardnumber then
        p = i
        name = menber.getitemstring(i,"姓名")
        shenfen = menber.getitemstring(i,"身份")
    end if
next
//sle_1.text = getshenfen
else
    lastrow = dw_1.rowcount()
    messagebox("系统提示","人员表是空的")
        cb_2.enabled = false
        //cb_1.enabled = true
    dw_1.deleterow(lastrow)
end if
rows = allbook.rowcount()
if rows < >0 then
for i = 1 to rows
    getbooknumber = allbook.getitemstring(i,"bookcard")
    if booknumber = getbooknumber then
        c = i
        bookname = allbook.getitemstring(i,"bookname")
        zuozhe = allbook.getitemstring(i,"zuozhe")
    end if
next
else
    lastrow = dw_1.rowcount()
    messagebox("系统提示","书库是空的")
        cb_2.enabled = false
        //cb_1.enabled = true
end if
```

```
select backdate into :backdate from jstable where cardnumber = :cardnumber and booknumber
    = :booknumber;
jsbook = create datastore
jsbook.dataobject = "dw_copysjsbook"
jsbook.settransobject(sqlca)
jsbook.retrieve()
row1 = jsbook.rowcount()
if row1 > 0 then
for s = 1 to row1
    jsbianhao = jsbook.getitemstring(s,"bianhao")
    biaozhi = jsbook.getitemstring(s,"biaozhi")
    jscardnumber = jsbook.getitemstring(s,"cardnumber")
    jsbooknumber = jsbook.getitemstring(s,"booknumber")
    if cardnumber = jscardnumber and booknumber = jsbooknumber then
        sle_2.text = "yes"
        if biaozhi = "no" then
        backdate = jsbook.getitemdate(s,"backdate")
        update jstable set biaozhi = :chars where bianhao = :jsbianhao;
        row1 = s
    end if
end if
next
sle_1.text = jsbianhao
sle_1.text = string(currentdate)
sle_2.text = string(backdate)
else
    messagebox("系统提示","没有借出的书")
end if
datenumber = DaysAfter(backdate,currentdate)
if datenumber < = 0 then
    datenumber = 0
end if
yjmoney = 0.00
if p < >0 and c < >0 then
insert into backtable
values(:bianhao,:cardnumber,:name,:shenfen,:booknumber,:bookname,:zuozhe,null,:
currentdate,:datenumber,:yjmoney);
    dw_1.retrieve()
    cb_3.enabled = true
```

```
   cb_2. enabled = false
  end if
  rowss = dw_1. rowcount( )
  if rowss = row  + 1 then
     cb_3. enabled = true
  end if
else
   messagebox("系统提示","请首先输入一行")
end if
lastrow = dw_1. rowcount( )
another = lastrow
if lastrow < >0 and name = " " then

   messagebox("系统提示","没有此人员")
     cb_2. enabled = false
     cb_1. enabled = true
   dw_1. deleterow(lastrow)
   dw_1. update( )
else
cb_3. enabled = true
end if
lastrow = dw_1. rowcount( )
if bookname = " " then
   messagebox("系统提示","书库中没有此书")
   cb_2. enabled = false
   cb_1. enabled = true
   dw_1. deleterow(another)
   dw_1. update( )
   dw_1. retrieve( )
else
   cb_3. enabled = true

end if
dw_1. setsort("bianhao")
dw_1. sort( )
cb_2. enabled = false
dw_1. scrolltorow(row)
dw_1. setrow(row)
dw_1. setfocus( )
```

Cb_3 的代码如下:

```
givemoneys = create datastore
givemoneys.dataobject = "dw_givemoneybook"
givemoneys.settransobject(sqlca)
givemoneys.retrieve()
string booknumber,numberr,givelei,abianhao,currentday
string bianhao,cardnumber,name,shenfen,department,address,bookcard,bookname,zuozhe,zhonglei
int row,i,number,numbers,cgdates,money,rows,amoney
string cardnumbers,booknumbers
double amoney
string chars = "yes"
row = dw_1.rowcount()
currentday = string(today())
if row <>0 then
    numberr = string(dw_1.getitemnumber(row,"number"))
    cgdates = dw_1.getitemnumber(row,"cgdates")
    if numberr <> "" then
        dw_1.setitem(row,11,dw_1.getitemnumber(row,"number") * cgdates *0.25)
        dw_1.update()
        update jstable set biaozhi = :chars where bianhao = :jsbianhao;
        dw_1.retrieve()
        cb_1.enabled = true
        cb_2.enabled = false
        cb_3.enabled = false
    numbers = dw_1.getitemnumber(row,"number")
    booknumber = dw_1.getitemstring(row,"booknumber")
    select nownumber into :number from booktable where bookcard = :booknumber;
    number = number + numbers
    update booktable set nownumber = :number where bookcard = :booknumber;
    else
    messagebox("system","必须填写数量")
    end if
if cgdates >0 then
    rows = menber.rowcount()
    for i =1 to rows
        cardnumber = menber.getitemstring(i,"卡号")
        cardnumbers = dw_1.getitemstring(row,"cardnumber")
        if cardnumbers = cardnumber then
```

```
            name = menber.getitemstring(i,"姓名")
            shenfen = menber.getitemstring(i,"身份")
            department = menber.getitemstring(i,"系别")
            address = menber.getitemstring(i,"专业")
            rows = i
        end if
    next
    rows = allbook.rowcount()
    for i = 1 to rows

        bookcard = allbook.getitemstring(i,"bookcard")
        booknumbers = dw_1.getitemstring(row,"booknumber")
        if booknumbers = bookcard then
            bookname = allbook.getitemstring(i,"bookname")
            zuozhe = allbook.getitemstring(i,"zuozhe")
            zhonglei = allbook.getitemstring(i,"zhonglei")
            money = allbook.getitemnumber(i,"money")
            rows = i
        end if
    next
    amoney = dw_1.getitemnumber(row,"givemoney")
    rows = givemoneys.rowcount()
    abianhao = "1"
    givelei = "过期"
    if rows > 0 then
    bianhao = givemoneys.getitemstring(rows,"bianhao")
    bianhao = string(integer(bianhao) + 1)
    insert into givemoneytable
    values(:bianhao,:cardnumbers,:name,:shenfen,:department,:address,:booknumbers,:bookname,:zuozhe,:zhonglei,:money,:givelei,:amoney,:currentday);
        sle_1.text = "lg1"
    else
    insert into givemoneytable
    values(:abianhao,:cardnumbers,:name,:shenfen,:department,:address,:booknumbers,:bookname,:zuozhe,:zhonglei,:money,:givelei,:amoney,:currentday);
        sle_2.text = "sjh"
    end if
    end if
    end if
```

dw_1. scrolltorow(row)

dw_1. setfocus()

Cb_4 的代码如下:

close(parent)

12.3.9 书类查询

1. 窗口设计

窗口控件见表 12-14,窗口布局见图 12-21。

表 12-14 控件列表

控件	名称	属性	属性值
CommandBotton	Cb_1	text	查找
	Cb_2	text	退出
singlelineedit	Sle_1		
datawidow	Dw_1		
SingleLineEdit			

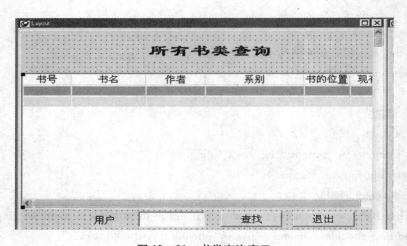

图 12-21 书类查询窗口

2. 编写代码

(1) 窗口的"open"事件代码如下:

dw_1. settransobject(sqlca)

dw_1. retrieve()

(2) 各命令按钮的"clicked"事件代码如下:

Cb_1 的代码如下:

int row,i,s

```
string cardnumber
row = dw_1.rowcount()
for i = 1 to row
    cardnumber = dw_1.getitemstring(i,"bookcard")
    if sle_1.text = cardnumber then
        s = i
        dw_1.scrolltorow(i)
        dw_1.setfocus()
    end if
next
if s = 0 then
    messagebox("系统提示","没有找到")
end if
```

cb_2 的代码如下：

`close(parent)`

12.3.10 账目管理

1. 窗口设计

窗口控件见表 12-15，窗口布局见图 12-22。

表 12-15 控件列表

控件	名称	属性	属性值
CommandBotton	Cb_1	text	输入
	Cb_2	text	默认输入
	Cb_3	text	更新
	Cb_4	text	退出
datawidow	Dw_1		
SingleLineEdit			

2. 编写代码

(1) 窗口的 "open" 事件的代码如下：

```
delete from givemoneytable where givelei is null or givemoney is null;
dw_1.settransobject(sqlca)
dw_1.retrieve()
```

(2) 各命令按钮的 "clicked" 事件的代码如下：

Cb_1 的代码如下：

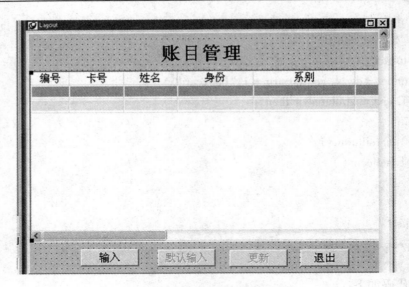

图 12-22 账目管理窗口

```
int row,money,rows,number,givemoney
string bianhao
string givemoneylei
number = 0
row = dw_1.rowcount( )
dw_1.insertrow(0)
dw_1.setitem(row + 1,1,string(row + 1))
dw_1.scrolltorow(dw_1.rowcount( ))
dw_1.setfocus( )
allrow = dw_1.rowcount( )
if row > 0 then
givemoneylei = dw_1.getitemstring(row,"givelei")
givemoney = dw_1.getitemnumber(row,"givemoney")
if givemoneylei < > " " and string(number) < > " " then
    rows = dw_1.rowcount( )
    dw_1.scrolltorow(rows)
    dw_1.setfocus( )
    dw_1.setcolumn(1)
else
    rows = dw_1.rowcount( )
    dw_1.deleterow(rows)
    dw_1.scrolltorow(row)
    dw_1.setcolumn(9)
```

```
      dw_1.setfocus()
      messagebox("系统提示","请先把上一行输完")
      dw_1.deleterow(row + 1)

  end if
end if
cb_2.enabled = true
```

Cb_2 的代码如下：

```
int row,i,money,menberrow,allbookrow,lastrow,jiage,s,p,lastrows
string cardnumber,booknumber,getcardnumber,getbooknumber,getshenfen
string name,address,bookname,zuozhe,currentdate,bianhao,department
string zhonglei
s = 0
p = 0
currentdate = string(today())
menber = create datastore
allbook = create datastore
menber.dataobject = "dw_ryb"
allbook.dataobject = "dw_allbook"
menber.settransobject(sqlca)
menber.retrieve()
allbook.settransobject(sqlca)
allbook.retrieve()
row = dw_1.rowcount()
if row < >0 then
cardnumber = dw_1.getitemstring(row,"cardnumber")
booknumber = dw_1.getitemstring(row,"booknumber")
bianhao = dw_1.getitemstring(row,"bianhao")
menberrow = menber.rowcount()
if menberrow < >0 then
for i = 1 to menberrow
   getcardnumber = menber.getitemstring(i,"卡号")
   if cardnumber = getcardnumber then
      s = i
      name = menber.getitemstring(i,"姓名")
      getshenfen = menber.getitemstring(i,"身份")
      address = menber.getitemstring(i,"系别")
      department = menber.getitemstring(i,"专业")
   end if
```

```
        next
    else
        lastrow = dw_1.rowcount()
        messagebox("系统提示","人员表是空的")
        dw_1.deleterow(lastrow)
        cb_2.enabled = false
    end if
allbookrow = allbook.rowcount()
if allbookrow < >0 then
for i = 1 to allbookrow
    getbooknumber = allbook.getitemstring(i,"bookcard")
    if booknumber = getbooknumber then
        p = i
        bookname = allbook.getitemstring(i,"bookname")
        zuozhe = allbook.getitemstring(i,"zuozhe")
        money = allbook.getitemnumber(i,"money")
        zhonglei = allbook.getitemstring(i,"zhonglei")
        jiage = allbook.getitemnumber(i,"money")
    end if
next
else
    lastrow = dw_1.rowcount()
    messagebox("系统提示","书库是空的")
    cb_2.enabled = false
    if lastrow < >0 then
        dw_1.deleterow(lastrow)
    end if
end if
if p < >0 and s < >0 then
insert into givemoneytable
values(:bianhao,:cardnumber,:name,:getshenfen,:address,:department,:booknumber,:bookname,:zuozhe,:zhonglei,:money,null,null,:currentdate);
    dw_1.retrieve()
    cb_3.enabled = true
    cb_2.enabled = false
end if
else
    messagebox("系统提示","请首先输入一行")
end if
```

```
lastrow = dw_1.rowcount()
if lastrow <>0 and name = "" then
    messagebox("系统提示","没有此人员")
    cb_2.enabled = false
    dw_1.deleterow(lastrow)
    dw_1.update()
end if
lastrows = dw_1.rowcount()
if lastrow <>0 and bookname = "" and lastrow = lastrows then
    messagebox("系统提示","书库里没有此书")
    cb_2.enabled = false
    dw_1.deleterow(lastrows)
end if
cb_2.enabled = false
```

Cb_3 的代码如下：

```
int row,number,numbers,givemoney
string booknumber
string givemoneylei
dw_1.update()
row = dw_1.rowcount()
if row <>0 then
givemoneylei = dw_1.getitemstring(row,"givelei")
givemoney = dw_1.getitemnumber(row,"givemoney")
if givemoneylei <>"" and string(givemoney) <>"" then
    cb_3.enabled = false
dw_1.update()
number = dw_1.getitemnumber(row,"number")
booknumber = dw_1.getitemstring(row,"booknumber")
select allnumber into :numbers from booktable where bookcard = :booknumber;
numbers = numbers - 1
cishu = cishu + 1
update booktable set allnumber = :numbers where bookcard = :booknumber;
else
    messagebox("system","必须填写赔偿类型和赔偿款")
end if
end if
```

Cb_4 的代码如下：

```
close (parent)
```

12.3.11 汇总统计

1. 窗口设计

窗口控件见表 12-16，窗口布局见图 12-23。

表 12-16 控件列表

控件	名称	属性	属性值
CommandBotton	Cb_1	text	过滤
	Cb_2	text	汇总
singlelineedit	Sle_1		
dropdowlistbox	Ddlb_1		
datawidow	Dw_1		
SingleLineEdit			

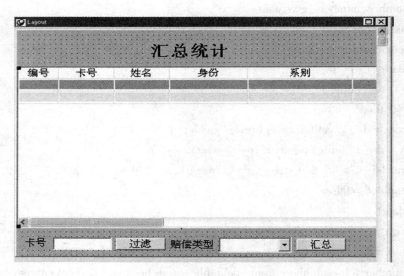

图 12-23 统计汇总窗口

2. 编写代码

（1）窗口的"open"事件的代码如下：

dw_1.settransobject(sqlca)

dw_1.retrieve( )

（2）各命令按钮的"clicked"事件的代码如下：

Cb_1 的代码如下：

dw_1.dataobject = "dw_givemoneybook"

dw_1.settransobject(sqlca)

```
dw_1.retrieve()
dw_1.setfilter("cardnumber = '" + sle_1.text + "'")
dw_1.filter()
cb_1.enabled = false
timer(2)
if dw_1.rowcount() = 0 then
    messagebox("系统提示","没有这个卡号")
end if
```

Cb_2 的代码如下：

```
int row,i,s,p
double number,numbers
string givelei
numbers = 0
s = 0
p = 0
dw_1.dataobject = "dw_givemoneybook"
    dw_1.settransobject(sqlca)
    dw_1.retrieve()
    row = dw_1.rowcount()
for i = 1 to row
    givelei = dw_1.getitemstring(i,"givelei")
    if ddlb_1.text = givelei then
        s = i
        number = dw_1.getitemnumber(i,"givemoney")
        numbers = numbers + number
    end if
next
if s < >0 then
    dw_1.setfilter("givelei = '" + ddlb_1.text + "'")
    dw_1.filter()
    messagebox("系统提示","因" + ddlb_1.text + "所得的钱是" + string(numbers))
end if
if s = 0 and ddlb_1.text < >"总和" then
    messagebox("系统提示","没有找到有此类赔偿类型的")
end if
if ddlb_1.text = "总和" then
    for i = 1 to row
        p = i
```

```
            number = dw_1.getitemnumber(i,"givemoney")
            numbers = numbers + number
        next
    end if
    if p < >0 then
        messagebox("系统提示","因" + ddlb_1.text + "所得的钱是" + string(numbers))
    end if
```

12.3.12 借书分类查找

1. 窗口设计

窗口控件见表 12-17，窗口布局见图 12-24。

表 12-17 控件列表

控件	名称	属性	属性值
raidiobutton	Rb_1	text	
	Rb_2	text	
	Rb_3	text	
CommandBotton	Cb_1	text	查找
	Cb_2	text	退出
singlelinedit	Sle_1	text	
	Sle_2	text	
	Sle_3	text	
SingleLineEdit			

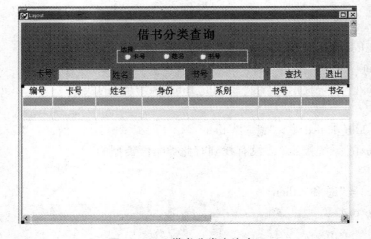

图 12-24 借书分类查询窗口

2. 编写代码

(1) 窗口的"open"事件的代码如下：

dw_1. settransobject(sqlca)

dw_1. retrieve( )

(2) 控件的"clicked"事件的代码如下：

Cb_1 的代码如下：

```
if sle_1. enabled = true then
    dw_1. dataobject = "dw_jsbook"
    dw_1. settransobject(sqlca)
    dw_1. retrieve( )
    dw_1. setfilter("cardnumber = '" + sle_1. text + "'")
    dw_1. filter( )
end if
if sle_2. enabled = true then
    dw_1. dataobject = "dw_jsbook"
    dw_1. settransobject(sqlca)
    dw_1. retrieve( )
    dw_1. setfilter("name = '" + sle_2. text + "'")
    dw_1. filter( )
end if
if sle_3. enabled = true then
    dw_1. dataobject = "dw_jsbook"
    dw_1. settransobject(sqlca)
    dw_1. retrieve( )
    dw_1. setfilter("booknumber = '" + sle_3. text + "'")
    dw_1. filter( )
end if
if dw_1. rowcount( ) = 0 then
    messagebox("系统提示","没有找到此人员的借书情况")
    dw_1. dataobject = "dw_jsbook"
    dw_1. settransobject(sqlca)
    dw_1. retrieve( )
end if
```

Cb_2 的代码如下：

close (parent)

rb_1 的代码如下：

```
if rb_1. checked then
    sle_1. enabled = true
    sle_2. enabled = false
```

```
    sle_3. enabled = false
    sle_2. text = " "
    sle_3. text = " "
end if
```

rb_2 的代码如下：

```
if rb_2. checked then
    sle_2. enabled = true
    sle_1. enabled = false
    sle_1. text = " "
    sle_3. text = " "
    sle_3. enabled = false
end if
```

rb_3 的代码如下：

```
if rb_3. checked then
    sle_3. enabled = true
sle_2. enabled = false
    sle_1. enabled = false
    sle_2. text = " "
    sle_1. text = " "
end if
```

12.3.13 还书人员统计

1. 窗口设计

窗口控件见表 12-18，窗口布局见图 12-25。

表 12-18 控件列表

控件	名称	属性	属性值
datawidow	Dw_1		
SingleLineEdit			

2. 编写代码

窗口的"open"事件的代码如下：

```
dw_1. settransobject( sqlca)
dw_1. retrieve( )
string currentday,bianhao
string ss
ss = "no"
currentday = string( today( ) )
```

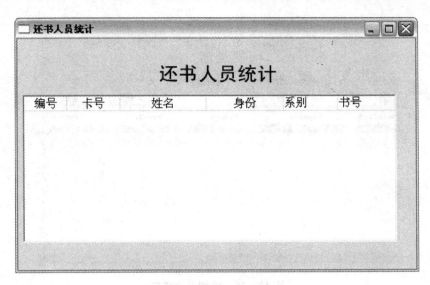

图 12-25 还书人员统计窗口

```
insert into copyjsbook
select * from jstable
where backdate <= :currentday;
insert into nobackbooktable
    select bianhao, cardnumber, name, shenfen, department, booknumber, bookname, getdate
    from copyjsbook where biaozhi = :ss ;and biao < > "yes";
  dw_1. retrieve( )
delete from copyjsbook;
delete from nobackbooktable;
```

12.3.14 模糊查找

1. 窗口设计

窗口控件见表 12-19, 窗口布局见图 12-26。

表 12-19 控件列表

控件	名称	属性	属性值
dropdownlistbox	Ddlb_1	text	
CommandBotton	Cb_1	text	查找
	Cb_2	text	退出
singlelinedit SingleLineEdit	Sle_1	text	

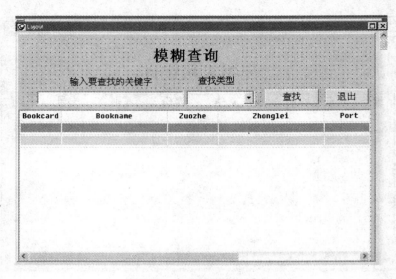

图 12-26 模糊查询窗口

2. 编写代码

(1) 窗口的"open"事件的代码如下:

dw_1. settransobject(sqlca)

dw_1. retrieve( )

(2) 命令按钮的"clicked"事件的代码如下:

Cb_1 的代码如下:

string ss,yy,cc

ss = sle_1. text

cc = "%" + ss + "%"

yy = ddlb_1. text

if ddlb_1. text = "书号" then

insert into copybooktable

select * from booktable

where bookcard like :cc;

end if

if ddlb_1. text = "书名" then

insert into copybooktable

select * from booktable

where bookname like :cc;

end if

if ddlb_1. text = "作者" then

insert into copybooktable

select * from booktable

where zuozhe like :cc;

```
end if
if ddlb_1.text = "书的位置" then
insert into copybooktable
select * from booktable
where port like :cc;
end if
if ddlb_1.text = "系别" then
insert into copybooktable
select * from booktable
where zhonglei like :cc;
end if
dw_1.dataobject = "dw_copybook"
dw_1.settransobject(sqlca)
dw_1.retrieve()
if dw_1.rowcount() = 0 then
    messagebox("系统提示","没有带此关键字的书")
end if
delete from copybooktable;
```

Cb_2 的代码如下:

```
close(parent)
```

12.3.15 修改密码

1. 窗口设计

窗口控件见表 12-20，窗口布局见图 12-27。

表 12-20

控件	名称	属性	属性值
CommandBotton	Cb_1	text	注册
	Cb_2	text	删除
	Cb_3	text	取消
SingleLineEdit	Sle_1	text	
	Sle_2	text	
	Sle_3	text	
	Sle_4	text	
dropdownlistbox	Ddlb_1		

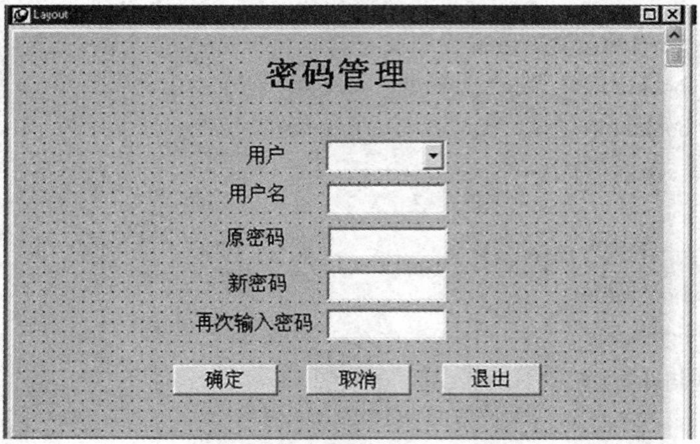

图 12-27 修改密码窗口

2. 编写代码

(1) 窗口的"open"事件的代码如下:

dw_1. settransobject(sqlca)

dw_1. retrieve( )

(2) 命令按钮的"clicked"事件的代码如下:

Cb_1 的代码如下:

string name,mima,names,mimas,numbers,newmima
names = sle_1. text
mimas = sle_2. text
name = " "
mima = " "
if ddlb_1. text = "管理员" then
select limitedtable. number, limitedtable. name, limitedtable. mima into :numbers,:name,:mima from limitedtable where name = :names and mima = :mimas;
newmima = sle_3. text
if name < > " " and mima < > " " then
  if sle_3. text < > sle_4. text then
    messagebox("系统提示","对不起,两次输入的密码不一样")

  end if
  if sle_3. text = " " or sle_4. text = " " then
    messagebox("系统提示","密码不能为空")
end if
  if sle_3. text = sle_4. text and sle_3. text < > " " then
update limitedtable set limitedtable. name = :name,limitedtable. mima = :newmima where limitedtable. number = :numbers;

```
       messagebox("系统提示","管理员修改密码成功")
     end if
  end if
  else
     messagebox("系统提示","没有找到此管理员")
       sle_1.text=""
       sle_2.text=""
  end if
  sle_3.text=""
  sle_4.text=""
  end if
  if ddlb_1.text="普通用户" then
  select name,mima into :name,:mima from yonghutable where name=:names and mima=:mimas;
  newmima=sle_3.text
  if name<>"" and mima<>"" then
     if sle_3.text<>sle_4.text then
        messagebox("系统提示","对不起,两次输入的密码不一样")

     end if
     if sle_3.text="" or sle_4.text="" then
        messagebox("系统提示","密码不能为空")
     end if
     if sle_3.text=sle_4.text and sle_3.text<>"" then
        update yonghutable set name=:name,mima=:newmima where name=:names and mima
            =:mimas;
            newmima=sle_3.text
     messagebox("系统提示","用户修改密码成功")
     end if
  end if
  else
     messagebox("系统提示","没有找到此普通用户")
       sle_1.text=""
       sle_2.text=""
  end if
  sle_3.text=""
  sle_4.text=""
  end if
```

Cb_2 的代码如下:

sle_1. text = " "
sle_2. text = " "
sle_3. text = " "
sle_4. text = " "
.

12.3.16 用户注册

1. 窗口设计

窗口控件见表 12-21，窗口布局见图 12-28。

表 12-21 控件列表

控件	名称	属性	属性值
CommandButton	Cb_1	text	注册
	Cb_2	text	删除
	Cb_3	text	取消
	Cb_4	text	退出
SingleLineEdit	Sle_1	text	
	Sle_2	text	
	Sle_3	text	

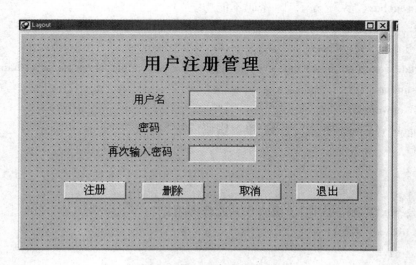

图 12-28 用户注册窗口

2. 编写代码

（1）窗口的"open"事件的代码如下：

dw_1. settransobject(sqlca)
dw_1. retrieve( )

（2）命令按钮的"clicked"事件的代码如下：
Cb_1 的代码如下：

```
yonghu. dataobject = "dw_yonghu"
yonghu. settransobject(sqlca)
yonghu. retrieve( )
string yonghu1,mima,name,bianhao
int row
row = yonghu. rowcount( )
if row >0 then
   bianhao = yonghu. getitemstring(row,"bianhao")
else
   bianhao = "1"
end if
bianhao = string(integer(bianhao) + 1)
yonghu1 = sle_1. text
mima = sle_2. text
if cb_1. text = "注册" then
sle_1. enabled = true
sle_2. enabled = true
sle_3. enabled = true
cb_1. text = "确定"
else
if sle_1. text < > "" and sle_2. text < > "" and sle_3. text < > "" then
   if sle_2. text = sle_3. text then
   select name into :name from yonghutable where name = :yonghu1;
   if name = "" then
      insert into yonghutable
      values( :bianhao, :yonghu1, :mima);
      sle_1. enabled = false
      sle_2. enabled = false
      sle_3. enabled = false
      sle_1. text = ""
      sle_2. text = ""
      sle_3. text = ""
      messagebox("系统提示","注册成功")
      cb_1. text = "注册"
   else
```

```
        messagebox("系统提示","此用户已经存在了")
        sle_1.text = ""
      end if
   else
      messagebox("系统提示","两次输入的密码不一致")
      sle_2.text = ""
      sle_3.text = ""
   end if
else
   messagebox("系统提示","用户和密码不能为空")
end if
end if
```

Cb_2 的代码如下：

```
string yonghu1,mima,name,bianhao
int row
row = yonghu.rowcount()
if row >0 then
   bianhao = yonghu.getitemstring(row,"bianhao")
else
   bianhao = "1"
end if
yonghu1 = sle_1.text
mima = sle_2.text
if cb_4.text = "删除" then
   sle_1.enabled = true
   sle_2.enabled = true
   sle_3.enabled = true
   cb_4.text = "确定"
else
   if sle_1.text < >"" and sle_2.text < >"" and sle_3.text < >"" then
   if sle_2.text = sle_3.text then
   select name into :name from yonghutable where name = :yonghu1 and mima = :mima;
   if name < >"" then
      delete from yonghutable where name = :yonghu1 and mima = :mima;
      sle_1.enabled = false
      sle_2.enabled = false
      sle_3.enabled = false
      sle_1.text = ""
      sle_2.text = ""
```

```
        sle_3. text = " "
            messagebox("系统提示","删除成功")
            cb_4. text = "删除"
        else
            messagebox("系统提示","没有此用户或者密码错误")
            sle_1. text = " "
        end if
    else
        messagebox("系统提示","两次输入的密码不一致")
        sle_2. text = " "
        sle_3. text = " "
    end if
else
    messagebox("系统提示","用户和密码不能为空")
end if

end if
```

Cb_3 的代码如下：

```
sle_1. text = " "
sle_2. text = " "
sle_3. text = " "
```

Cb_4 的代码如下：

```
close(parent)
```

参考文献

[1] 崔巍. PowerBuilder8.0 数据库应用系统开发教程. 北京:清华大学出版社,2002
[2] 刘斌,祁慧. PowerBuilder9.0 实用教程. 北京:中国铁道出版社
[3] 郑阿奇. PowerBuilder 实用教程. 北京:电子工业出版社
[4] 李礼. 边学边用 PowerBuilder 编程. 北京:清华大学出版社,2001
[5] 沈兆普等. PowerBuilder8.0 数据库开发自学教程. 北京:人民邮电出版社,2002
[6] 张长富等. PowerBuilder8.0 参考手册. 北京:北京新希望出版社,2002